1+X职业技能等级证书配套系列教材

U0501737

游戏美术设计

（初级）

主　编　完美世界教育科技（北京）有限公司

副主编　刘建新 聂哲 杨昊 刘寒

参　编　杨凯 邓炜 樊朴 曾庆珉 刘建国 姜玉声

　　　　张灿 李婷 汪洋 赵祾 张玉宝 张东

高等教育出版社·北京

内容提要

本书为游戏美术设计 1+X 证书制度系列教材之一，根据《游戏美术设计职业技能等级标准》要求（初级）编写，主要用于游戏美术设计 1+X 证书的初级认证相关培训工作。

本书内容依托企业项目实践，以项目引领、任务驱动的方式对游戏美术设计 1+X 证书初级考核中各模块所涉及的生产流程、技术技能进行呈现，围绕强化专业核心能力的备考实例设置系统化训练，确保符合面向对应岗位的职业技能的要求。本书按照"知识→技能→任务"的逻辑，详细讲解了游戏美术设计初级基础岗位应掌握的数字绘画基础、数字图像处理与绘制，游戏 UI 设计基本规范、软件使用、基础设计，三维游戏建模规范及其常用软件、制作游戏工具模型等内容。

本书配有微课视频、课程标准、教学设计、授课用 PPT、案例素材等丰富的数字化学习资源。与本书配套的数字课程"游戏美术设计（初级）"在"智慧职教"平台（www.icve.com.cn）上线，学习者可以登录平台进行在线学习及资源下载，授课教师可以调用本课程构建符合自身教学特色的 SPOC 课程，详见"智慧职教"服务指南。教师也可发邮件至编辑邮箱 1548103297@ qq. com 索取相关资源。

本书可作为游戏美术设计 1+X 证书的初级认证相关教学和培训教材，也可作为职业院校数字媒体相关专业的教材和相关从业人员的学习参考书。

图书在版编目（C I P）数据

游戏美术设计：初级 ／ 完美世界教育科技（北京）有限公司主编. --北京：高等教育出版社，2022.5

ISBN 978-7-04-056215-6

Ⅰ. ①游… Ⅱ. ①完… Ⅲ. ①游戏程序-程序设计-职业技能-鉴定-教材 Ⅳ. ①TP317.6

中国版本图书馆 CIP 数据核字（2021）第 111610 号

Youxi Meishu Sheji（Chuji）

| 策划编辑 | 吴鸣飞 | 责任编辑 | 吴鸣飞 | 封面设计 | 王 洋 | 版式设计 | 杨 树 |
| 插图绘制 | 李沛蓉 | 责任校对 | 陈 杨 | 责任印制 | 赵 振 | | |

出版发行	高等教育出版社	网 址	http://www.hep.edu.cn
社 址	北京市西城区德外大街 4 号		http://www.hep.com.cn
邮政编码	100120	网上订购	http://www.hepmall.com.cn
印 刷	高教社（天津）印务有限公司		http://www.hepmall.com
开 本	787mm×1092mm 1/16		http://www.hepmall.cn
印 张	20.5		
字 数	420 千字	版 次	2022 年 5 月第 1 版
购书热线	010-58581118	印 次	2022 年 11 月第 2 次印刷
咨询电话	400-810-0598	定 价	55.00 元

"智慧职教" 服务指南

"智慧职教"是由高等教育出版社建设和运营的职业教育数字教学资源共建共享平台和在线课程教学服务平台，包括职业教育数字化学习中心平台（www.icve.com.cn）、职教云平台（zjy2.icve.com.cn）和云课堂智慧职教 App。用户在以下任一平台注册账号，均可登录并使用各个平台。

- 职业教育数字化学习中心平台（www.icve.com.cn）：为学习者提供本教材配套课程及资源的浏览服务。

登录中心平台，在首页搜索框中搜索"游戏美术设计（初级）"，找到对应作者主持的课程，加入课程参加学习，即可浏览课程资源。

- 职教云（zjy2.icve.com.cn）：帮助任课教师对本教材配套课程进行引用、修改，再发布为个性化课程（SPOC）。

1. 登录职教云，在首页单击"申请教材配套课程服务"按钮，在弹出的申请页面填写相关真实信息，申请开通教材配套课程的调用权限。

2. 开通权限后，单击"新增课程"按钮，根据提示设置要构建的个性化课程的基本信息。

3. 进入个性化课程编辑页面，在"课程设计"中"导入"教材配套课程，并根据教学需要进行修改，再发布为个性化课程。

- 云课堂智慧职教 App：帮助任课教师和学生基于新构建的个性化课程开展线上线下混合式、智能化教与学。

1. 在安卓或苹果应用市场，搜索"云课堂智慧职教"App，下载安装。

2. 登录 App，任课教师指导学生加入个性化课程，并利用 App 提供的各类功能，开展课前、课中、课后的教学互动，构建智慧课堂。

"智慧职教"使用帮助及常见问题解答请访问 help.icve.com.cn。

前　言

2019 年 4 月，教育部、国家发展改革委、财政部、市场监管总局四部门印发了《关于在院校实施"学历证书+若干职业技能等级证书"制度试点方案》（以下简称《试点方案》）的通知，正式启动高等职业教育培养模式的改革，重点围绕服务国家需要、市场需求、学生就业能力提升，启动 1+X 证书制度试点工作。《试点方案》的重点之一是强调职业技能证书在高等职业教育中的作用，将校内的职业教育和校外的职业培训有机结合形成新的技术技能人才培养模式。

为响应新时期职教改革，配合 1+X 证书制度试点工作的开展，发挥职业技能证书在高等职业教育中的作用，完美世界教育科技（北京）有限公司联合高等职业院校专家共同起草《游戏美术设计职业技能等级标准》。该标准明确了游戏美术设计职业技能等级对应的工作领域、工作任务及职业技能要求，并能适用于游戏美术设计职业技能培训、考核与评价及相关用人单位的人员聘用、培训与考核。本系列教材是基于此背景进行开发的，分别对应游戏美术设计职业技能的初级、中级、高级，能同时满足读者知识学习、技能训练及 1+X 证书考证需求。

依托完美世界教育科技（北京）有限公司在游戏设计教育领域的专业实力和经验积累，以游戏美术设计岗位知识技能要求为核心，联合多家知名院校和企业，本着"致力于为创造性人才提供更好的成长体验"的教育理念，在教材内容上打破了学校知识本位的束缚，加强技能与岗位生产的联系，突出"所学即所用"的知识技能实战性，通过配套数字化教学资源，扩展信息化教材功能，便于课程的在线推广，满足在更大范围内受教人群对于"互联网+ 职业教育"的新需求。本书具有以下特色。

（1）课证融通：本书严格按照《游戏美术设计职业技能等级标准》中的游戏美术设计职业技能等级要求（初级），设置核心知识和技能点，组织案例的拆解分析，设计配套的任务训练，将职业技能考核证书与课程内容准确对接。

（2）案例真实：本书在案例选取上，完全采用企业真实案例，项目实践以岗位引领、任务驱动方式，围绕岗位生产标准的能力要求，对游戏美术设计 1+X 证书初级考核中各模块所涉及的生产流程、技术技能进行详细讲解。

微课
初级考试方向讲解、
优秀作品解读

（3）标准置换：本书所讲解的知识与技能具有很强的岗位对接性，强调遵照工作流程、规范操作，评价指标由课堂作业标准替换为产品验收标准，对读者的职业技能和素养提出了新要求。

本书由完美世界教育科技（北京）有限公司和深圳职业技术学院数字创意与动画学院游戏设计专业刘寒教师团队联合编写，数字绘画部分由邓炜执笔，二维游戏设计基础部分由樊朴执笔，三维游戏建模部分由曾庆珉执笔，涉及的案例素材主要来自完美世界控股集团旗下游戏产业真实生产项目。

本书配有微课视频、课程标准、教学设计、授课用 PPT、案例素材等丰富的数字化学习资源。与本书配套的数字课程"游戏美术设计（初级）"在"智慧职教"平台（www. icve. com. cn）上线，学习者可以登录平台进行在线学习及资源下载，授课教师可以调用本课程构建符合自身教学特色的 SPOC 课程，详见"智慧职教"服务指南。教师也可发邮件至编辑邮箱 1548103297@ qq. com 索取相关资源。

尽管本系列教材的编写和出版经过了一系列细致缜密的工作，然而游戏美术设计所涵盖的知识技能，在游戏产业生产流程演变与技术时间迭代的两条轴向上，不断出现冲突、升级、更替，本书的疏漏之处在所难免，恳请广大读者批评指正。

编　　者
2022 年 1 月

目 录

第1部分 数 字 绘 画

第 2 部分　二维游戏设计基础

第1部分　数字绘画

第1章　数字绘画基础

　　数字绘画，通俗地说就是电脑绘画，通过应用计算机软件和工具进行艺术创作的艺术形式。数字绘画适用于游戏美术、影视概念设计、网页设计、影视动画、平面设计和漫画等领域。本章主要是对数字绘画基础中所涉及的知识点进行科普讲解，并着重讲解数字绘画前要掌握的一些技能。

1.1　游戏美术设计基础

游戏美术设计基础

PPT

微课
数字绘画（原画）
学科介绍1

1.1.1　知识准备

1. 游戏美术设计概念

　　游戏美术，从广义上讲，即游戏中所能见到的视觉元素；从狭义上讲，往往特指数字游戏中呈现的视觉内容，从属于计算机图形技术领域，因此，游戏视觉效果的提升与计算机图形技术的发展紧密相连。随着计算机处理器运算能力的提高，显卡处理器实时图形的加速，以及游戏开发引擎功能的完善，视觉体验已经进入可以媲美影视级效果的次时代游戏，如图1-1所示，从而大大提高了游戏的趣味性和可玩性。

2. 游戏美术设计内容

　　游戏美术是游戏产品制作过程中的重要部分，作为连接玩家和游戏之间视觉交互的关键部分，游戏中所能看到的视觉元素都属于游戏美术范畴，主要元素包括游戏角色、界面图标、地形场景、道具装备、动画、特效等。游戏通常都免不了庞大的美术制作量，需要不同元素制作岗位的游戏美术设计师，借助各种图形图像软件工具合力完成。

图 1-1 媲美影视级效果的次时代游戏 顽皮狗工作室《最后的生还者 2》

1.1.2 技能准备

1. 游戏美术设计分工

游戏美术受到游戏风格、游戏受众、游戏类型等诸多因素的影响，因此，游戏美术分工存在差异。一般来说，游戏美术按照岗位任务可分为游戏原画、游戏场景、游戏角色与道具、游戏地图编辑、游戏界面设计、游戏图标设计、游戏特效等。

① 游戏原画任务是把游戏中造型的构想或文字描述，进行视觉图像化和标准化，为后续游戏美术制作环节提供依据。通常视觉图像化属于概念类原画，视觉标准化工作属于制作类原画，如图 1-2 所示。概念类原画设计主要包括风格、气氛、主要角色和场景的设定等。制作类原画设计则更为具体，包括游戏中所有道具、角色、场景以及游戏界面等内容的设计。

图 1-2 概念类和制作类游戏原画的区别《完美世界》

② 游戏场景任务是制作游戏中的场景元素，在游戏虚拟世界中，大量的场景元素组合成一个宏伟的世界，能烘托整体游戏的气氛，将玩家快速带到游戏剧情中，使玩家感悟到游戏策划者所想传递的游戏内涵与文化，如图 1-3 所示。

图 1-3　精美的游戏场景《完美世界》

③ 游戏角色是贯穿整个游戏的情结始终，是玩家关注的焦点。游戏角色不仅成为一种特殊文化现象，而且进一步以其衍生品的开发和拓展形成了一个利润丰厚的庞大游戏产业。游戏角色设计就像拍电影、做动画一样，除了技术方面，还必须顾及美观，如图 1-4 所示。

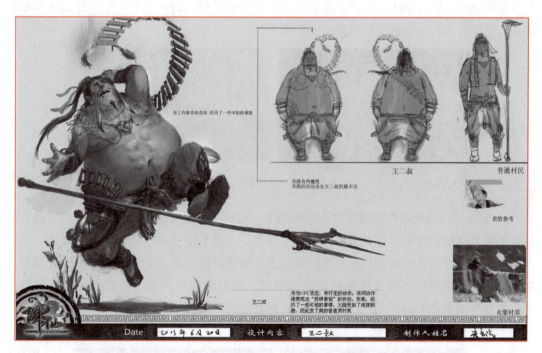

图 1-4　诛仙中的游戏角色设计　完美世界《诛仙》

④ 游戏道具是指游戏中能够与玩家互动，对游戏角色的属性有一定影响的物品。判定一件物品是不是游戏道具，主要看这个物品能不能与玩家交互（所谓与玩家交互，是指玩家可以根据角色的行为进行某类行为），还要看这个物品的使用对角色的属性是否有影响。首先，一个道具在角色没有使用时，是不会自己发生变化的，其次，任何一个道具的使用，必然对游戏角色的某些属性状态起到作用。游戏道具一般分为食用类道具、装备类道具和情节类道具等，如图 1-5 所示。

　　　　　(a)　　　　　　　　　　　(b)　　　　　　　　　(c)

图 1-5　道具设计　完美世界《神雕侠侣》

　　⑤ 游戏地图编辑任务通常是借助游戏引擎，按照前期策划进行模型纹理搭建。二维游戏地图则有所不同，一般分为拼图和整图两种制作方式。拼图制作指的是多块八方连续的小图，通过地图编辑器拼成一种整图，如《帝国时代》等，地图相对缺乏细节和层次，但节省系统资源；整图制作是场景一次性建模渲染出来，如《轩辕剑 3》等，地图细节相对丰富，但比较消耗系统资源，如图 1-6 所示。

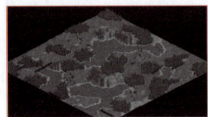

　　(a) 全效工作室《帝国时代》　　　　　　　　(b) 大宇《轩辕剑3》

图 1-6　游戏中的地图截图

　　⑥ 游戏界面是玩家在游戏中首先接触到的，游戏界面设计的范畴很广，包括从游戏开始的安装界面到游戏中的选择及操作等诸多界面，大致上由功能性界面、操作界面、剧情及场景界面和音效界面组成。从心理学意义上，游戏界面也可以分成视觉、情感等感官层次。在游戏界面设计中要注重玩家的操作习惯，如鼠标点击位置、重要界面元素的布局等，游戏界面也是人机交互的一种表现，在设计中要注重"以人为本"的原则，才能给玩家带来更好的体验，如图 1-7 所示。

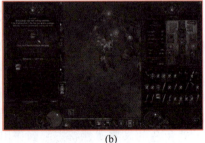

微课
数字绘画（原画）
学科介绍 4

　　　　　(a)　　　　　　　　　　　　　　(b)

图 1-7　暴雪公司《暗黑破坏神 3》的游戏界面

⑦ 游戏图标设计广义上的定义是指具有明确指代含义的图形，狭义上的定义就是具有指代意义的图形符号，具有高度浓缩并快捷传达信息，便于记忆的特征。在游戏中主要有品牌图标、功能图标、建筑图标、物品图标、装备图标和技能图标，如图 1-8 所示。

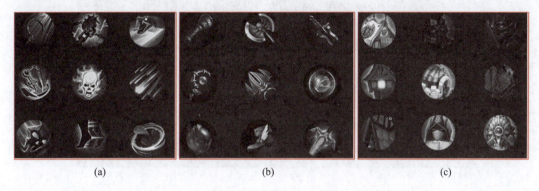

(a)　　　　　　　　　　　(b)　　　　　　　　　　　(c)

图 1-8　技能图标、物品图标和建筑图标设计

⑧ 游戏特效的主要任务是制作游戏中的光影特殊效果（如刀光、火花等），也泛指流行物质表现（如烟雾、火苗、云团、水流等）。游戏特效的表现不仅需要美术表现能力，还需要游戏引擎的程序脚本编辑能力，是游戏美术任务中技术含量较高的部分，如图 1-9 所示。

图 1-9　《完美世界国际 2》游戏特效截图

2. 游戏美术设计工具

游戏美术工作借助各种图形图像设计类软件工具完成，一般是由二维图形图像工具、三维图形图像工具、游戏引擎，以及其他专项图形图像软件工具组成。

（1）数位板

数位板硬件和图像处理软件是进行数字图像绘制的必备工具。

数位板（又名绘图板或手绘板）属于计算机输入硬件设备的一种，一般由画板和压感笔组成，但也有压感笔可直接在屏幕上绘制的数绘屏。通过安装驱动程序，能够帮助数字绘画人员，替换鼠标和键盘功能，自如地进行图像绘制，广泛应用于电影、动画、漫画、游戏、产品设计、广告制作等相关领域，如图 1-10 所示。

(a)

(b)

图 1-10　数位板与数位屏

　　数位板硬件内置有密集金属条组成的电路板，笔尖通过电磁式感应切割磁场产生芯片的定位信号，因此，数位板要避免在高温、强磁场环境下使用，切勿重力拍击、摔打造成损坏。数位板可以从笔尖作用垂直方向和绘图区域水平方向来理解。笔尖垂直方向根据接受的力度大小，可以反馈用笔轻重的感应灵敏度，称之为压感级别。常见级别有 512 级、1024 级、2048 级和 8192 级，压感级别越高，感应灵敏度越细微。数位板的绘图区域（非硬件物理尺寸），又名工作区域，其水平面大小分为 4 英寸×5 英寸、6 英寸×8 英寸等，一般来说，绘图区域越大，数位板的绘制精度越高，游戏美术设计师可以根据实际工作需要选择合适大小的数位板，如图 1-11 所示。

微课
数字绘画（原画）
学科介绍 6

图 1-11　数位板压感级别与分辨率

　　数位板是计算机输入硬件，需要安装与型号匹配的驱动程序，才能获得正确的压感级别和屏幕映射。以 Wacom 影拓四代手绘板为例，安装驱动程序后，可以在计算机控制面板的硬件与声音选项中打开 Wacom 数位板属性，主要是设置数位板绘画区域与屏幕映射、调节压感笔的施力情况，以及定义数位板功能键效果，如图 1-12 所示。

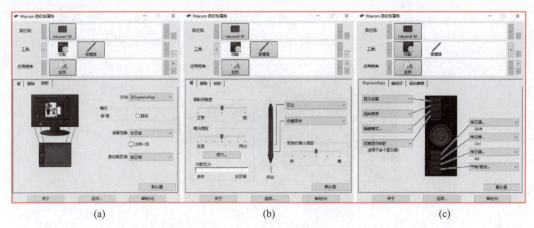

(a)　　　　　　　　　　　(b)　　　　　　　　　　　(c)

图 1-12　数位板属性设置

（2）二维数字绘画软件

1）Adobe Photoshop 图像软件

由 Adobe 公司开发的 Photoshop（简称 PS）是目前综合功能最为强大的图像编辑软件之一，日常所说的"P 图"就源自该软件名称的首字母，可见其在图像编辑领域的广泛影响力。Photoshop 主要处理以栅格像素构成的数字图像，具备非常全面的绘图工具和图像编辑工具，可以对图像、图形、文字等进行复杂的编辑工作，广泛应用于平面设计、广告制作、网页制作、界面设计、摄影后期修饰、建筑效果图调整等诸多领域，如图 1-13 所示。

图 1-13　Adobe Photoshop 软件操作界面

2）Corel Painter 图像软件

Corel Painter 是由 Corel 公司推出的目前功能最为完善的计算机美术绘画软件之一。它以特有的 Natural Media 仿天然绘画技术为代表，可以模拟水墨、油画、蜡笔、水彩等手绘工具和纸张的效果，计算机上首次将传统绘画方法和计算机设计完整地结合起来，形成了独特的绘画和造型效果，为艺术家的创作提供了极大的手绘仿真度，如图 1-14 所示。

图 1-14   Corel Painter 图标

Corel Painter 在影像编辑、特技制作和二维动画方面，也有突出的表现，对于专业设计师、出版社美编、摄影师、动画及多媒体制作人员和一般计算机美术爱好者，它都是一个非常理想的图像编辑和绘画工具，其界面如图 1-15 所示。

图 1-15   Corel Painter 软件操作界面

3）Easy PaintTool SAI 图像软件

SYSTEMAX Software Development 开发的 Easy PaintTool SAI 也是一款优秀的绘图软件。其容量相对较小，相当精致，许多功能较 Photoshop 更简化，特别是借助手抖修正功能，可以轻易画出流畅的日式手绘线条，如图 1-16 所示。

图 1-16　Easy PaintTool SAI 软件操作界面

（3）三维数字设计软件

1）Autodesk 3ds Max 三维设计软件

三维动画软件是制作三维动画的工具基础。常见的三维软件有 3ds Max、Maya 和 Softim-age，如图 1-17 所示，它们均已成为 Autodesk 公司旗下的主力产品，拥有全球数量最为庞大的三维艺术家和设计者用户群。3ds Max 软件以其模块齐全、界面友好、操作便捷的优势，获得了数量最多的用户支持，在建筑表现、游戏动画、工程演示等领域广泛使用，如图 1-18 所示；Maya 软件同样功能齐全，节点科学，特效表现优异，广泛应用于影视特效、数字角色等领域；Softimage 软件则凭借出类拔萃的渲染品质，广泛应用于产品演示、视觉广告等领域。

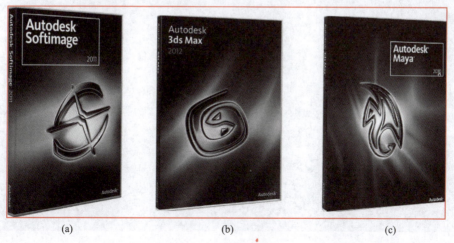

(a)　　　　　　　　　　　(b)　　　　　　　　　　　(c)

图 1-17　三维软件

图 1-18   三维数字软件 3ds Max 的界面

2）PixologicZBrush 三维设计软件

ZBrush 是一个数字雕刻和绘画软件，它以强大的功能和直观的工作流程彻底改变了整个三维行业。ZBrush 以实用思路开发出的功能组合，在激发艺术家创作力的同时，也让用户在操作时感到非常顺畅。ZBrush 能够雕刻高达 10 亿多边形的模型，其界面如图 1-19 所示。

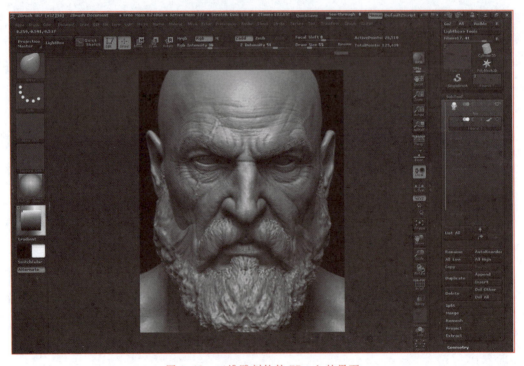

图 1-19   三维雕刻软件 ZBrush 的界面

（4）其他数字绘画软件

1）Savage Interactive ProCreate 数字绘画软件

ProCreate 是 Savage Interactive 基于 iPad 硬件平台开发的一款数字绘画软件，专为数字绘画人员的移动端创作需求而量身打造，让 iPad 也能够具备和计算机数字绘画软件相媲美的图像编辑功能。作为 Apple 最佳设计奖得主，ProCreate 在 App Store 上具有可观的付费下载量，逐渐成为数字绘画人员的必备应用，如图 1-20 所示。

图 1-20　ProCreate 数字绘画软件标志

ProCreate 具有与类似 Photoshop 的全面的图像编辑功能，其工具箱中的绘画工具齐全，可以帮助数字绘画人员进行草稿速写，甚至创作精细的插图。ProCreate 提供画布分辨率设置、拥有 130 多种简易实用的画笔，同样具备 Photoshop 中的图层管理功能与 iOS 版系统上的 64 位绘图引擎 Silica M 支持，能确保绘制运算时的效果流畅。轻巧的 iPad 硬件便于携带，使用户能够通过简易的操作系统，随时随地通过 ProCreate 数字绘画软件记录灵感。此外，iPad 屏幕的触摸便捷方式，大大提高了数字绘画人员的办公机动性。ProCreate 界面如图 1-21 所示。

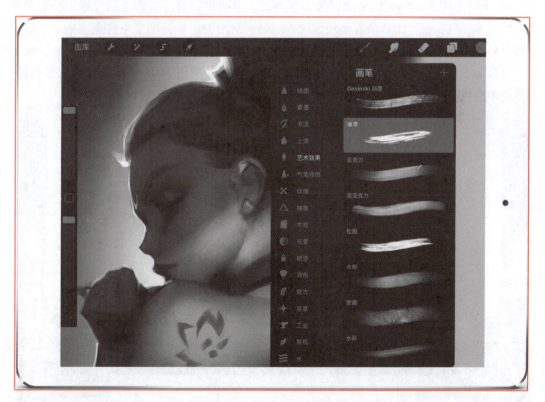

图 1-21　ProCreate 界面

2）Ambient Design ArtRage 数字绘画软件

Ambient Design 公司推出的 ArtRage（彩绘精灵）是一款容量小巧、功能专项的数字绘画软件。ArtRage 软件操作界面简洁，为用户提供了油刷、铅笔、喷枪、墨水笔、蜡笔、粉笔、调色刀、油漆管、滚筒刷、水彩等各种数字绘画工具，尤其在模仿油画效果方面，ArtRage 表现非常突出。此外，它还可以模仿不同的纸张介质，产生多样的肌理效果，其标志如图 1-22 所示。

图 1-22　ArtRage 数字绘画软件标志

ArtRage 支持 Windows 和 Mac OSX 操作系统，也能识别数位板的压感设置，所有菜单栏和浮窗都可以折叠，工具条和调板也可以隐藏，从而为用户提供干净的全屏画布、清爽直观的界面设计和简易的操作命令，方便不善于应对繁杂图像软件功能的艺术家轻松上手。也因为 ArtRage 优化了复杂的图像编辑命令，所以，利用 ArtRage 数字绘画软件创作，更多是考验数字绘画人员自身的美术功底和艺术修养，如图 1-23 所示。

图 1-23　ArtRage 软件界面

1.2　游戏美术设计的基本原则

　　游戏美术设计不等同于传统的架上绘画。它与传统艺术的最大区别在于，传统艺术是表达艺术家个人思想和情绪的一个媒介，它往往具备独特的视角和超前的观点，无须考虑大众的需求，其价值在于艺术家思想和情绪的不可复制性。因此，传统艺术的作者更容易以其本人为核心形成流派，其价值随着艺术家本人的地位而提高，如图 1-24 所示。

图 1-24　19 世纪末新艺术运动的代表艺术家穆夏创作的仙女

　　而游戏美术设计，属于数字娱乐产业，游戏产品的投入和产出，具有明显商业消费行为，强调功能、目标和生产的环节，其宗旨在于以产品的最终形态为目的，绘画本身并不是结果，它的价值要与产品捆绑在一起。所以，大多数工业美术设计师并不强调个人风格的独特性，而是强调方法、思路以及在大众认知常识之下所建立的想象力。在游戏美术领域，无疑产品是放在第一位的，所以，游戏美术设计师首要的宗旨是通过绘画媒介，做出对产品有意义的构思，并具备将这些想法赋予整个开发链条中的能力。作为一个游戏美术设计师，除了需要有绘画技巧之外，还需要有想象力和快速传达的能力。独特的想象力和创造力建立在大量的阅读上，这需要设计师不仅绘画技法高超，而且头脑灵活、知识储备丰富，善于思考和想象，并且有足够的能力将两者结合起来，如图 1-25 所示。

　　为发挥游戏美术设计的重要作用，美术设计人员应发挥积极主动性。实践中可以看到，游戏设计团队合作的主要任务在于全面提升所设计游戏的实际可操作性，美术设计

图 1-25   游戏美术设计   完美世界《旧日传说》

在游戏设计中的重要任务就是提供游戏有效视觉设计上的可应用性，如团队意见的采纳、整体风格的传达以及程序设计的可用性与概念设计、视觉设计的相互平衡等。游戏设计中的美术设计，并非单纯对美术元素进行设计，美术设计人员应当明确的是策划、程序设计，游戏视觉呈现均是团队合作及信息汇总后的关键环节，因此美术设计人员在游戏美术设计中应当能进行可用性折中。对于美术设计人员而言，积极主动地参与到游戏设计中是必不可少的，一系列小目标的完成对于整个游戏设计的完成具有非常重要的作用。同时，还要全面了解该款游戏的特点，这对于整体设计目标的实现具有非常重要的作用。

对于游戏美术设计人员而言，应当谨慎做出各环节的游戏决策，实践中，若可以全面了解游戏美术设计人员自身的主动行为，并对充分发挥他们的作用有所认知，那么就可以对当前的游戏美术设计人员进行重新定位。为发挥美术设计在有效设计中的重要作用，应当提高美术设计人员的自身素质，美术设计人员应当积极参与各种游戏设计与研发会议，美术设计人员还应当积极参与设计目标的制定。

游戏美术设计是一个非常复杂而又系统的工作，同时在游戏设计中也发挥着重要的作用，因此应当重视游戏设计思路、技术创新，只有这样才能确保游戏设计的质量，让更多的受众群体所接受。

1.2.1   知识准备

当下游戏市场的发展非常迅速，这使得许多美术设计师投身到游戏产业中。但不是投身于游戏产业就能做出好的美术设计，只有深入了解游戏的结构框架才能满足用户的不同需求。面对玩家的不同需求，游戏美术设计也越来越重要，美术的独特风格也能够吸引更多的玩家参与进来。

　　游戏的美术设计基本都是以"一切都是有意义的"作为出发点，并将其落实在游戏的开发与应用中。以场景设计为例，一个场景的搭建是以游戏为基础，在游戏中应该注意每一个场景中的物品都是有意义的，以此营造一个玩家沉浸其中的世界。游戏场景的可信度和美术质量密切相关，有效使用真实照片作为参考，以避免出现"过于游戏"的效果，这是美术设计师与游戏策划的共同目标。但人们往往不能只要求显示，游戏的主题也需要无处不在，场景需要明确，如符合该地区的生态景观和动植物等元素。游戏系统和游戏关卡设计都隐藏在环境中，而人物角色的美术设计也非常关键。在游戏中出现的关键性人物形象要符合视觉逻辑，在设计角色时增加人物性格背景元素，通过角色的身体特征和服装配饰，表现出人物的性格特点，并与游戏场景，故事背景相互协调，如图 1-26 所示。

图 1-26　游戏美术概念设计《完美世界》

　　在一个团队中，程序的首要任务就是实现游戏的实际可操作性，而美术设计的任务则是实现视觉的观赏性。如何实现程序与美术风格的统一，才是一个团队解决问题的关键，只有程序与美术之间达到互相平衡，才能顺利完成一款游戏的制作。

　　游戏美术设计是吸引游戏玩家进入游戏的一个重要元素，而最终玩家会选择留下，更重要的还是游戏的玩法。当一款游戏从剧情、美术风格、音效、系统都整合统一于题材与玩法时，这款游戏才可以说是一款好作品。

1.2.2　技能准备

　　游戏美术设计常规工序如下。

（1）游戏角色三视图

一般角色设计，尤其是以三维形式表现的，就会涉及全面展开和阐述自己的设计图。三视图是一种比较科学便捷的方式，一般包括正视图，顶视图，测试图。将 3 种视角同时展示并互相呼应和比较，方便模型工作者能够快速理解原画师的意图，如图 1-27 所示。

图 1-27　游戏角色三视图《完美世界》

（2）场景气氛图

气氛图主要用来指导各部门对某部分场景的制作，统领大方向，不需要完全画出每部分的细节，但直接影响后期物件的拆分设计、渲染布光等环节。目前游戏公司的场景气氛图主要通过数位板绘制，也有些画师前期会借助 3D 软件来校准透视绘制，如图 1-28 所示。

图 1-28　完美世界《神雕侠侣 2》中的场景

（3）游戏地图规划设计

这里并不用对建筑及道具的细节进行刻画，而是从总体上规划设计场景所在的自然环境、群组建筑的布局以及玩家的行进路线。这个环节相比气氛图对美术的绘制能力要求稍有降低，主要考虑游戏中规划布局的视觉美感，玩家与场景的互动体验等，如图 1-29 所示。

图 1-29 《封神》中的场景规划图

（4）游戏服饰配件拆分

角色的服装和道具的拆分，更有利于后期工作人员理解该角色的服装和道具的结构与细节。其设计不仅展示设计者独特的艺术理念，还直接影响相关衍生产品的销售和它本身收藏价值的体现，如图 1-30 所示。

图 1-30 角色道具、服装说明 完美世界《旧日传说》

（5）材质纹理标注说明

很多次世代游戏中，会经常出现一些卡通、魔幻风的游戏，其中的人物、怪物和道具等都是虚构设计出来的，在现实中并没有直接的参照物，所以大部分贴图样式和材质效果需要在设计的角色或场景中专门标识出来，让后期工作人员能够清晰地了解该物体用的什么材质，如图 1-31 所示。

图 1-31   角色道具服装拆分图、角色材质说明《完美世界》

1.2.3   任务实施

熟记游戏美术设计的各个工序，多观摩和吸取优秀游戏美术设计实例中的亮点。

1.3   基础色彩原理

基础色彩原理

PPT

1.3.1   知识准备

1. 色彩的分类

根据常用的颜色，色彩可以分为三大类：无彩色系、有彩色系和独立色系。

（1）无彩色系

无彩色系指包括黑、白及由黑白两色互融而成的各种深浅不同的灰色系列，从物理学上说，它们不包括在可见光谱中，不能称之为色彩。作为无彩色系中的黑与白，由于只有明度差别，故又称为极色，如图 1-32 所示。

图 1-32   无彩色系

无色彩系在游戏美术设计中，黑白灰是用来对画面层次节奏归纳概括的一个方式规律，一般用于快速起型，剪影型等。简单地说，黑白灰的关系就是画面的整体基调关系，是组成黑白画面基本关系的造型元素，一幅画面如果构图完整、造型准确、明暗自然、主体突出、整体关系完整、有艺术感染力，那就是一幅很成功的作品。在色彩中，黑白灰的关系就是色彩的明度关系，即画面的素描关系，素描加冷暖就是色彩，如图 1-33 所示。

图 1-33　育碧《波斯王子》中的无彩色系角色设计

（2）有彩色系

有彩色系指包括在可见光谱中的全部色彩，它以红、橙、黄、绿、青、蓝、紫为其基本色。基本色之间不同量的混合、基本色与无彩色系之间不同量的混合产生的千千万万种色彩都属于有彩色系。有彩色系中的任何一种色彩都具有三大属性，即色相、明度、纯度。换句话说，一种颜色只要具有 3 种属性都属于有彩色系，如图 1-34 所示。

图 1-34　有彩色系

（3）独立色系

独立色系是指金色、银色等含有金属光泽的色彩，如图 1-35 所示。在游戏设计中图标设计和界面设计运用到的金属质感比较多,如图 1-36 所示。

图 1-35   独立色系

图 1-36   游戏图标中独立色系的金属质感表现

2. 色彩的三属性

视觉所能感知的一切色彩都具有 3 种重要的属性,分别为明度、色相和纯度。

（1）明度

明度是指色彩的明暗程度,也称亮度、深清度。色彩明度的形成差异有 3 种情况,一是同一种色相,由于光源强弱的变化而产生不同的变化;二是同一色相因为加上不同比例的黑、白、灰而产生不同的变化;三是在光源色相同的情况下,各种不同色相之间的明度不同,如图 1-37 所示。

图 1-37   高明度到低明度的变化

（2）色相

色相是指色彩所呈现的相貌。它是色彩的最重要特征。色相是区分色彩的主要依据，从光、色角度来看，色相差别是由光波波长的长短不同产生的。色彩的相貌以红、橙、黄、绿、青、蓝、紫的光谱为基本色相。分清了色彩的相貌才能准确应用色彩来表现对象，如图 1-38 所示。颜色的三原色为红、黄、蓝，间色为橙、绿、紫，复色为黄橙、红橙、红紫、蓝紫、蓝绿、黄绿。光源的三原色为 RGB，即红、绿、蓝。

图 1-38　色相的变化

（3）纯度

纯度是人对色彩感觉的一种特征，指色彩的浓度，又称彩度、鲜艳度、饱和度、含灰度等。一定亮度的颜色距离与同样亮度的灰色越远，就越饱和，反之，则越不饱和。色彩的饱和度决定于光的纯度。在色彩的基本色相中，以红色为首，纯度最高，其次是橙、黄、绿、青、蓝、紫，而黑、白、灰的纯度等于 0，如图 1-39 所示。

图 1-39　颜色由高纯度到低纯度的变化

凡是有彩色系中的色彩都具有这三大属性，在色彩学上也称为色彩三要素。熟悉和掌握色彩三属性，对于认识色彩、表现色彩极为重要。三属性中任何一个要素的改变都将影响原色彩的相貌和性质。色彩三属性在具体的艺术创作中，可以说是同时存在、不可分割的整体。因此，在设计中表现色彩时，必须对色彩的 3 个属性同时加以考虑和运用。

1.3.2　技能准备

在游戏中，色彩作为图像的集合元素，其应用无处不在。其中的色彩设计将吸引用户的注意力，向用户暗示某些事情是相关的，促进游戏的整体戏剧感。在游戏中注重色彩设计，可以是为了讲述故事，也可以是为了描绘游戏机制或引导情感影响，整体上来说，塑造游戏的色彩设计，也就是塑造视觉兴趣的来源。在游戏内容的目标中，色彩的设计法可以应用到以下几个方面。

（1）空间认识层面的应用

在进入游戏时，人眼中看到的画面元素就已经进入大脑，开始反馈并构建对游戏的第一印象——空间感。空间感的印象来源于人们对画面中色相的判断。感知到色相后，大脑会开始根据色彩的形状、冷暖、深浅、面积、位置、距离等视觉感受构建对空间的感知。

1）造空间感知

在游戏中，近处的草地、路面等物体的颜色鲜艳而清晰，远处的景色（如山川、河流等）则会显得灰暗不明。这是因为色彩拥有透视变化规律，这种规律存于观者的潜意识中，即使不能明确地说出感知的原因，也能确实地感受到这种变化。因此，色彩的设计使得游戏有了基本的空间感，使游戏画面从平面变成三维，同时让玩家也体会到了这种认知。假如突破这种规律，让冷暖与明暗的色彩变化进行颠倒，那么画面就会变得与玩家的常识不符，显得别扭。当然，目前也有游戏的色彩搭配在打破这种规律，设计师应该遵循基本规律来进行创新，如图 1-40 所示。

图 1-40　终南山云顶局部细节《神雕侠侣 2》

2）造物体存在

有别于背景，当色彩聚焦在某物体并随光线变化产生渐变时，玩家会感觉到厚度与立体感，将其与生活经验相结合，产生抽象联想。物体的造型本身是由色彩的对比差产生的，无色与彩色、面积的大与小等差距会将其与空间区分开，这种对比通常体现在，如果颜色 A 没有与颜色 B 进行对比，那么它可能会无法向玩家传达所蕴含的意思。例如，在草地上有一处显眼的金属颜色，那么这蕴含的意思就是，这底下可能会藏有宝箱。通常来说，重要的物体放置在高对比度的颜色中，其他物体呈现的是相对的非饱和态，这可以使关键对象清晰地聚焦，从而更加吸引玩家的注意力，让他们更好地感知出物体的存在，如图 1-41 所示。

图 1-41　暴雪公司《暗黑破坏神 3》中的宝箱

3）建游戏导向

当玩家初入游戏时，也许并不知道自己在哪里，如果周围是一片黑暗，他会开始徘徊，试图寻找正在发生的事情的线索。在游戏过程中，色彩的聚集与分散会指引玩家的视线，暗示他们自身所处位置，并用突出的色彩引导其进入下一阶段，色彩的主从判断体现在强调秩序关系，引导观者的视线移动顺序上，观者会先注意到大的轮廓，再对其中显眼的元素进行视觉上的追踪。有的游戏会使用大量不饱和的灰色与黑色来营造压迫性气氛，此时玩家自然会朝着明亮的方向前进。如果将黑暗的、令人生畏的色彩搭配与温暖、明亮的色彩搭配在一起用于寻找关键对象和方向，玩家很明显会朝着明亮的方向前进，这种倾向是由生物效应的存在而引起的，如图 1-42 所示。

(a)　　　　　　　　　　　　　　　　　　　(b)

图 1-42　暴雪公司《暗黑破坏神 3》中的路线导向

（2）意象表征层面的应用

有时，颜色可能具有象征或启示意义。例如，红色有时可以是穿着红色衬衫的人正在流血，有时可以是第 1 个在任务中壮烈牺牲的英雄符号，有时可以代表圣诞老人，而有时就只是表示红色自身。色彩的分配将会把游戏中的不同互动元素可视化地组合在一起，如何掌握好其中搭配的分寸，将是游戏色彩设计中的一个重要选择结点，如图 1-43 所示。

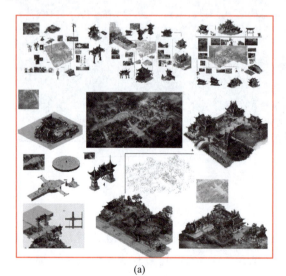

(a) SQUARE ENIX《最终幻想7》　(b) CAPCOM《生化危机》　(c)《田中达之作品集》

图 1-43　穿红色衣服的角色

1）游戏规则与机制

即使颜色本身只有自身的固有含义，它们也可以达到设计的目的，这是因为色彩可以将分配对象与规则机制联系起来。例如，魔方有 6 组正方形，每组有 9 个正方形，游戏的目标是将每一组的所有 9 个正方形放在立方体一侧，此时不同颜色的方块将其自身进行了分组和编码操作，即使颜色本身并不包含那些意思，玩家依然可以了解到哪种颜色对应的是哪些规则。此时，色彩就是游戏的规则和机制之一，在复杂的内容布局间利用色彩来进行标识，可以使游戏机制易于阅读和辨别。同时，在色彩变化区间不大的游戏关卡中，每个关卡看起来会有相似的格调趋势，因此容易使游戏显得呆板与缺少变化。在关卡之间更改背景颜色可使其在视觉上更清晰，并让玩家更好地感知游戏的多样性和深度，如图 1-44 所示。

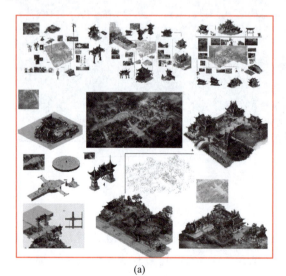

(a)　　　　　　　　　　　　　　(b)

图 1-44　《武林外传》中不同的关卡配色

2）同内容的从属关系

在存在竞技元素的游戏中，通常使用红色和蓝色来对不同阵营进行区分，在此基础上还会用黄色和绿色来标记其他阵营，此时最容易产生冷暖对比的红色与蓝色就被划为主要色，而黄色与绿色则是中性色。使用差值较大的颜色来标记，其效果是为了让不同从属的内容更易于被区分。此时的色彩被用于组合与分割游戏中的内容，如阵营、玩家、其他不同角色和不同区域。一个适合大多数人辨识基础的颜色标记能够让玩家更好地判别游戏中不同内容的从属关系，如图 1-45 所示。

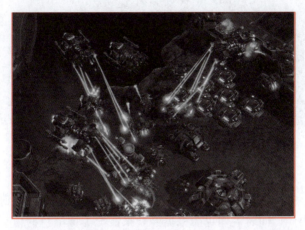

图 1-45　暴雪公司《星际争霸 2》中不同阵营的颜色

3）动元素的操作

在游戏中偶尔会存在需要使用机关的情况，这些可互动元件通常会被显眼的颜色标记，这时颜色已经不再充当识别符号，而是用于标识某道具或某区域的特性。玩家会意识到，被标上专有颜色的互动元件才可以引发特定动作，或者是与其互动后会产生怎样的后果，如红色的引爆按钮。为了易于识别，不同颜色一般以互斥的形式呈现。在其他界面时，不同功能的按键也会被赋予带有情感意义的不同颜色。取消按键通常被设置为醒目的红色或橙色系，用于对玩家的下一步操作进行警示，如图 1-46 所示。

(a)　　　　　　　　　　　　　　(b)

图 1-46　From Software《只狼》中游戏的提示红色

（3）情感影响层面的应用

好的色彩运用可以给予观者深刻的记忆，并且能刺激其知觉。有的颜色令人情绪激动，血压升高；有的颜色让人情绪平缓，感觉到安详的氛围。一旦眼睛察觉到一种颜色，视觉就会与大脑相联发出信号，使内分泌释放出激素，导致情绪产生变化。光线从物体反射并进入视网膜后，大脑会感觉到颜色。但不同的颜色可能具有不同的影响效果，并非所有人看到同样的颜色都能获得同样的情感响应，如图 1-47 所示。

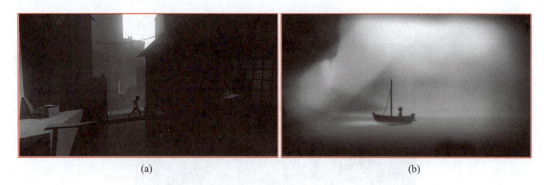

（a）　　　　　　　　　　　　　　　　（b）

图 1-47　由 Playdead Studios 公司开发的游戏《Inside》画面风格

整体来说，色彩贯穿了人的视觉与情感，因为长时间的审美累积使得人们知道怎样的颜色代表了怎样的内涵，同时人们也会根据经验来匹配类似颜色的信息，并得出结论。也就是说，审美令人感知到色彩的情绪，并且色彩也能反过来引发生理的自然反应。

1）即时情感反馈

色彩可以用于反馈游戏中的即时情感，例如，红色可以是疼痛的象征，在射击游戏中，当玩家受到伤害并存在生命危险时，屏幕会变成红色或黑白；反之，如果画面闪起了绿色，则可以说明玩家受到了治疗等有益效果的影响。色彩影响着画面的整体情绪，此时，色彩开始唤起观者的情感，影响他们心中的视觉平衡，并进一步塑造对游戏的情感印象。一般来说，红色（暖色）可能会引起愤怒或危险的感觉，绿色（冷色）则可以唤起成长和新起点的感觉，如图 1-48 所示。

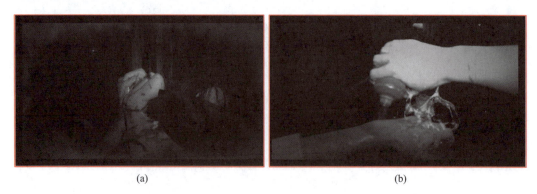

（a）　　　　　　　　　　　　　　　　（b）

图 1-48　CAPCOM《生化危机 7》中受攻击时画面呈红色，补血时画面呈绿色

2）塑造模拟情境

　　色彩可以构建其直观感受，展示发展的时间或者空间变化线索，并加深其层次推进的变化与区别度，而色彩搭配对于模拟情境的影响不仅取决于它自身选用的色调、清晰度和对比度，重点还在于它的布局复杂程度。冷色比暖色更有可能被视为平静的象征，不过情况并非总是如此，因为绿色和紫色是通过将主要的冷色（蓝色）和暖色（黄色）组合而成的，这意味着虽然这些色调被认为是"冷静"的，但它们依然可以在特定条件下呈现其温暖的一些特征，而玩家也可以根据色彩的配比在脑海内构建出情境，如图 1-49 所示。

(a) Team Cherry《空洞骑士》　　　　　　(b)《神雕侠侣2》

图 1-49　冷色调色彩的游戏和暖色调色彩的游戏画面对比

1.3.3　任务实施

　　请根据图 1-50 提供的角色线稿素材，综合运用上述知识技能为其设计 3 套配色方案。位图为 RGB 模式，以 JPG 格式（最佳品质）提交。

图 1-50　角色素材

评分标准：

　　① 按要求完成 3 套配色方案（30 分）。

　　② 色彩的搭配（20 分）。

　　③ 色彩的层次感（30 分）。

　　④ 绘画表现力强，符合主流审美（20 分）。

1.4　人体基本结构

人体基本结构

PPT

1.4.1　知识准备

1. 人体解剖结构概述

　　人体结构是由不同的形体构成要素，按照一定的规则与逻辑形成一个相互依存、和谐统一的整体，可以分析出一些结构的关联结点，支撑重要的骨骼框架要素，这些点与框架就构成了对象的基本结构与基本形体。在人体形体构图中，也存在着这样的基本结构与基本形体。这是研究人体造型的出发点。

　　研究人体结构是每个涉足绘画领域的人所必须具备的专业知识，这些知识的学习为以后创作各种各样的造型艺术打下了坚实的基础，如图 1-51 所示。

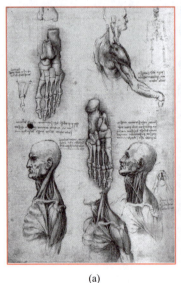　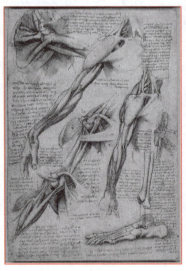　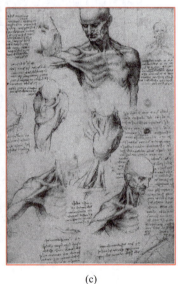

(a)　　　　　　　　　　　(b)　　　　　　　　　　　(c)

图 1-51　肌肉解剖图《达·芬奇手稿》

2. 人体比例

人体的主体结构共有 206 块骨骼，639 条肌肉，但在视觉造型中，对人体结构与外形有影响与作用的大约有 80%。这部分构成了人体主体框架结构与人体结构系统。这里可以分为两种表现模式：一种是逼真的骨骼与肌理的结构体系，另一种是结构体系。这两种表达模式的分析及运用，对游戏人物造型设计是有直接帮助的。

（1）标准的身体比例

人体比例是画人体最基础的工作，正确的人体比例是一幅好作品的先决条件。人们都用头高作为度量来计算人体比例，一般男女之间的人体比例基本相同但实际高度不同，一般以矮半个头为佳，而不同民族的比例也不一样，据统计中国人一般都在 7 到 7 个半头高之间。8 头身是大部分艺术家都爱用的标准比例，实际绘画中应根据需要灵活运用，如矮胖的可以用 6 或 7 头身，大个子用 9 头身，各部位间的比例进行微调，但主要还是以改变腿长的比例来表现，上身没有太大变化，如图 1-52 所示。

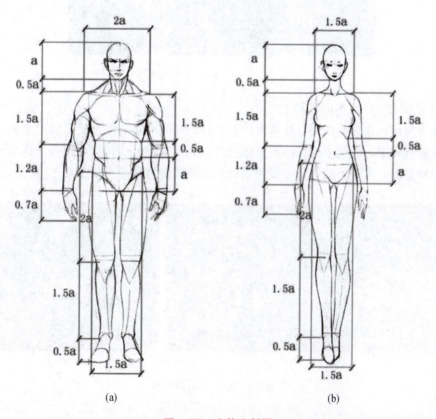

图 1-52　人体比例图

（2）头部结构

人体头部大致呈椭球型，颈大致呈圆柱型，作为人体最具标识性部位，往往是角色设计的关键。头大致分为面部、脑颅部和颈部，由于眉、眼、耳、鼻和口（五官）集中于面部，使其成为塑造角色的重中之重。按照眼睛和鼻梁长度为基准，大致根据"三庭五眼"分配面部五官比例，即头部纵向上，C 眉线和 D 鼻底的距离，将 B 发际线到 E 下颌底部分为三等分，头部横向上约为 5 个眼睛长度（含耳朵）。上眼皮 F 线是头部中间位置，侧面眼睛 a 点到耳蜗 c 点的距离，大约与到下巴 b 点的距离相等，如图 1-53 所示。

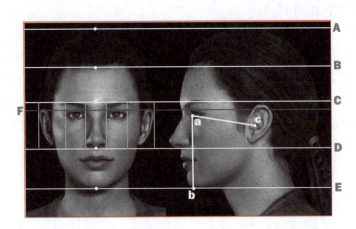

图 1-53　头部结构　顽皮狗《神秘海域 4》

（3）男性与女性人体的区别

人体分为男、女两种性别。性别由内部生理功能的不同，外延至形体的主要表现差异为：男性肩宽臀窄，构成上大下小的形体趋势，线条具有直线转折的硬质；而女性刚好相反，肩窄臀宽的上小下大趋势，视觉线条具有曲线圆润的软质，如图 1-54 所示。

(a)　　　　　　　　　　　　　　　(b)

图 1-54　角色示意图

（4）游戏中的角色身体比例

游戏中的角色造型，是在人体标准比例基础上夸张的造型，根据人物特征及在剧情中综合表现的需要，在造型上通过人体某些部分的夸张与变形来塑造富于人物个性特征的骨骼和肌肉造型，如图 1-55 所示。

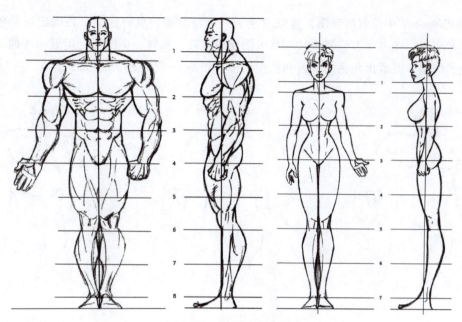

图 1-55　游戏角色比例图

1.4.2　技能准备

　　游戏角色的绘制，除了需要设计角色外部形象外，还要使其性格特征显现在外形中，通过动作进一步表现角色的个性。这里绘制的是维京战士的角色形象，可以先在网络上收集一些关于维京战士的素材，以此来借鉴，如图 1-56 所示。

图 1-56　维京战士的素材

在 Photoshop 中绘制出草图，这里想绘制一个偏卡通一点的造型。先确定好角色的大致外形和姿态，经过多方位调整，在草图图层的基础上新建一个图层，用细一些的笔触画出角色的线稿，并画出角色的五官和肌肉结构，如图 1-57 所示。

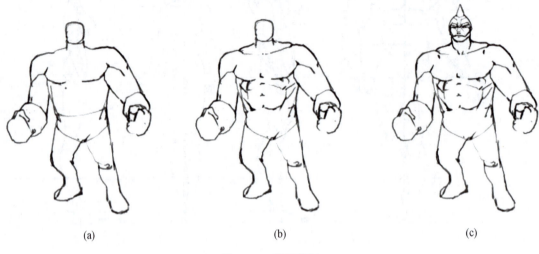

(a)   (b)   (c)

图 1-57 草图绘制

继续添加细节，在原有帽子的造型上进行调整，加上长角，再绘制出维京人明显的特征"长胡子"，并绘制出双剑和盾牌，如图 1-58 所示。

(a)   (b)

图 1-58 添加细节

参考熊爪的特征，为角色绘制出类似熊爪的肩甲，让角色显得更加威武，然后为服饰和纹路进行更加细致的绘制，最后经过一系列反复调整，完成作品线稿，如图 1-59 所示。

(a)　　　　　　　　　　　　　　　(b)

图 1-59　Cubebrush 绘制的角色造型

1.4.3　任务实施

设计一个中国古代女性的角色造型设计，设计的角色要符合时代特征（可以假想一个时代），形象设计要求原创，绘制角色全身45°站姿线稿。要求草图、过程图均需保存。位图为 RGB 模式，图片尺寸为 A4 大小，300 像素分辨率，以 JPG 格式（最佳品质）提交。评分标准：

① 按要求完成作品（30 分）。

② 整体效果符合命题的特征（20 分）。

③ 作品呈现与效果。风格统一、角色结构、比例准确（30 分）。

④ 作品创意与设计。作品原创性、设计原理应用（20 分）。

1.5　透视基础原理

透视基础原理

1.5.1　知识准备

1. 透视的概念

透视一词来自拉丁文 Perspicere，"透而视之"。其含义就是通过透明的平面来观察、研究透视图形的发生原理、变化规律和图形画法。而所描的图形却如实地表现空间距离和准确的立体感，这就是物体的透视形。透视也称为远近法，是一种来源于绘画，并在建筑和设计领域作为制图技法而逐渐成熟起来的绘画技法。

透视与空间的关系密不可分，在平面的画面上，主要通过透视规律来表现空间。一切物体都占有一定的空间，任何物体之间也是存在着一定的空间距离。在绘画中，利用物体的透视变化产生距离感，在表现空间的技法中，最基本的方法就是透视法。

2. 透视的原理

人们肉眼能看到的景物，并不是物体固有的样子。在透视原理的作用下，物体的大小，高矮，长短，宽窄都会显示着一些复杂又微妙的变形。由于物体占据空间是从上下左右前后的方向来体现的，所以用眼睛观察时会有微妙的差异。在日常生活中，人们观察的除了左右上下的位置外，还有远近深度的变化，这些原理，其实就是透视学的视觉规律。透视学作为表现设计思想、追求最后效果的一种最佳手段，被广泛运用于插画、计算机动画、电子游戏、建筑设计、城市规划、工业设计、展示设计等多个领域。

3. 透视学的专业名词

以下是常用的名词。

- 视点：是指绘画者眼睛所在的位置。
- 视线：视点和物体之间的连接线。
- 视平线：是指与绘画作者眼睛等高平行的水平线。整条线会随着视点的高低而发生变化，当平视时，视平线与地平线重合，当俯视或仰视时，视平线和地平线分开。
- 主点：又称心点，是指视中线与画面的垂直交点。它是平行透视的消失点。
- 视中线：是指由视点至主点的连接线以及延长线，与视平线成直角。
- 消失点：又称灭点，是指与画面不平行的线段逐渐向远方消失的一个点。
- 消失线：是指一条用来表现物体透视特征的辅助线，在透视的变化中，物象与消失点的连线称为消失线。
- 视域：是指头部不转动，目光向前看，能看到的范围称为可见视域。在可见视域范围内，并非所有的物体都清晰可辨，只有在视角大约 60° 的范围内，所见到的物体才是清晰正常的，而四周的景物形象相对模糊，这大约 60° 视角的视域范围，称为正常视域，如图 1-60 所示。

1.5.2　技能准备

1. 一点透视

通常可以借助立方体来理解三维空间中的透视变化规律。一点透视指立方体正面与画面存在平行关系所发生的空间变化。如图 1-61 所示，场景中门所在的正面与画面是平行关系，所以，一点透视又可称为正面透视。因为一点透视仅存在 A 灭点，容易形成强烈的画面纵深感，借助单一灭点的引导作用，产生画面中心聚焦效果。

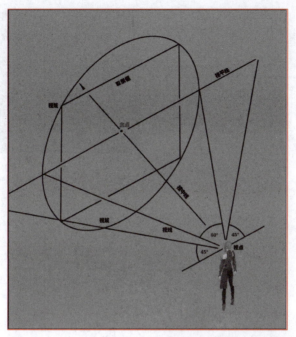

图 1-60　透视学常用名词

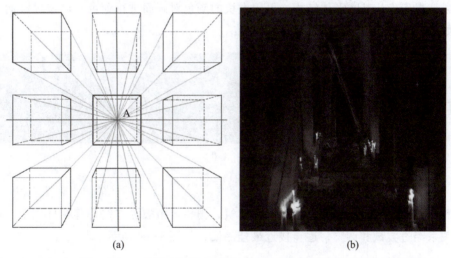

(a)   (b)

图 1-61　一点透视的表现　CAPCOM《生化危机 7》场景

2. 两点透视

在一点透视中，立方体的平面与画面平行，如果沿着立方体平行画面的垂直边进行转动，可以发现，原来与画面平行的面不再存在，而立方体垂直边线相邻的两个面与画面构成倾斜角度，所以，两点透视又称为成角透视。两点透视多用于表现建筑、军队，规模比较大而且规律性强的场景。如图 1-62 所示，两点透视拥有 A、B 两个灭点，相比一点透视，能更好地表现空间的扩展性，因此，可以创造出画面更为丰富的层次。

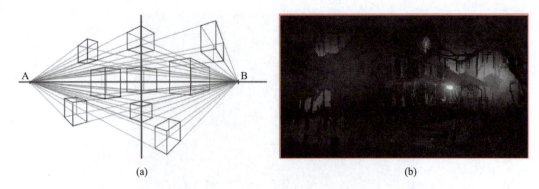

(a)   (b)

图 1-62   两点透视的表现   CAPCOM《生化危机 7》场景

1.5.3   任务实施

1. 一点透视的绘制

首先，利用数位板在 Photoshop 软件中，根据策划提供的建筑单体描述，利用一点透视的原理，绘制出街道场景的草图，该阶段不必马上深入到细节刻画，而是，不断调整和修改方案，直到确认基本形体结构，再用大块的颜色对画面进行铺色，调整好画面的配色效果，如图 1-63 所示。

(a)   (b)   (c)

图 1-63   前期起稿阶段

随着画面效果的不断深入，场景中的建筑、栅栏、植被和电线杆等构件细节，以及相互空间关系经过尝试和调整，逐步接近最佳品质，如图 1-64 所示。

(a)   (b)

图 1-64   中期深入阶段

调整整体画面颜色的饱和度，添加光源，再次细化场景中各个部件的细节，最终完成作品，如图 1-65 所示。

图 1-65 法国画师 Jeremy Paillotin 绘制的一点透视场景

2. 两点透视的绘制

首先，根据之前讲过的两点透视基本方法，确定视平线以及灭点 A、B，在 Photoshop 中绘制出整个场景的大致轮廓。要注重大体构图布局、光源设置和构件关系。给画面铺上颜色，在铺颜色的过程中，可以利用笔刷的肌理绘制出不同物件的质感，如图 1-66 所示。

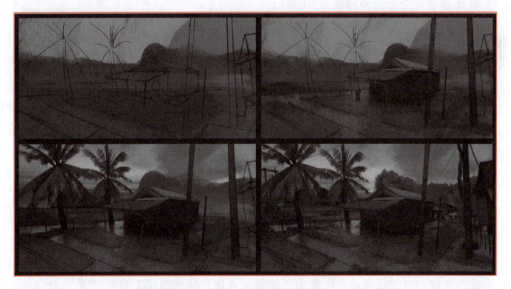

图 1-66 两点透视绘制的过程

再次深入细化，在绘制过程中查找是否出现结构或者透视的问题，在铁皮和木质的质感上要表达清晰，可以通过笔触的涂抹，表现出物体特有的质感。最后，调整整体的颜色，完成作品，如图 1-67 所示。

图 1-67　法国画师 Jeremy Paillotin 绘制的两点透视场景

3. 根据安徒生童话作品《卖火柴的小女孩》中对相关的描述完成作品的创作

她又擦亮了一根火柴，这一回，她坐在美丽的圣诞树下，这棵圣诞树，比她去年圣诞节透过富商家的玻璃门看到的还要大、还要美。翠绿的树枝上点着几千支明晃晃的蜡烛，许多副美丽的彩色图片，跟挂在商店橱窗里的一个样，在向她眨眼睛。

为小女孩想象的房间，绘制一张一点透视的室内场景，要求室内场景设计吻合文字描述，位图为 RGB 模式，图片尺寸为 A4 大小，300 分辨率，以 JPG 格式（最佳品质）进行提交。

评分标准：

　① 按要求完成作品（30 分）。

　② 整体效果符合命题的特征（20 分）。

　③ 作品呈现与效果。透视准确（30 分）。

　④ 作品创意与设计。作品原创性、设计原理应用（20 分）。

1.6　光影表现

光影表现

PPT

1.6.1　知识准备

1. 体积感和空间感

在游戏画面中，光影的巧妙运用常能为画面增添亮点。光影造型表现的学习，可以提高对光感的观察，在游戏作品中能够出色地表现光影产生的美感。自然"光"也就成为造型表现的中心。而体积感、空间感与光影变化有着相辅互助的关系，光影变化可以帮助更好地表现物体的体积感和空间感，空间感和体积感也能够让光影变化相互依托。光影造型表现最为关注的就是物体的体积感和空间感。在借助光影表现道具体积感时，深度是关键部分，深度就是同一件物体要拉开纵向距离。在一张纸平面上，如果能够让物体产生这种视觉效果，自然就会产生体积感，这时就需要在物体受到光线影响后产生的明暗强弱、虚实关系上多花时间。同一件物体中，距离最近的地方应该看得最清楚，这同时也是物体的最突出处，在这里，明暗变化最为强烈，色调层次变化也最为清晰；相反，距离远的地方，应相对模糊、朦胧一些，即明暗对比适当减弱，色调层次变化也较为模糊。因此从透视到明暗变化、虚实变化都需加强练习，既要掌握形体透视的规律，又要注意色调虚实的关系，在了解熟悉光影变化与物体体积感表现后，就能举一反三，掌握物体光景造型表现，如图 1-68 所示。

图 1-68　波兰画师 Michal Kus 绘制的场景黑白稿

2. 光影与色调

光的照射产生明暗调子，明暗构成黑白，它是构成完整视觉表现形式的重要因素。明暗是表现物象体积感、空间感最有效的方法，对于真实地表现对象具有重要的作用。道具在光线照射下，其形体结构、质感、色度和物象的空间距离感所产生的色调关系使画面形象更加具体、真实。

在物体光影造型表现中，必须始终整体地把握单个物体和全部物体的总体色调关系。素描中讲的"三大面五大调七个层次"是对素描色调的一般基本定义，其实在具体表现过程中，光影产生的色调层次远远不止这些，如果要体现光影对物体的细腻作用，就要更为合理地分析该道具的色调层次，是明快的、强对比还是细腻的、多层次，都取决于物体自身的特点以及画面的真实需求。合理的光影色调表现会帮助表现道具物体更为细致生动的视觉效果。对整个作品的视觉感受都有着重要的意义，如图 1-69 所示。

1.6.2　技能准备

1. 游戏中光影的表现

游戏画面的光影设计会影响整个游戏在设计中的整体效果。光影元素会影响游戏画面的质感，光线的柔韧性也会影响整体人物效果。在光影中，昼夜交替的空间可以增加游戏中玩家的真实感。黑暗中的深邃、神秘、幽静更滋生玩家心目中的不安因素，在设计中比较难以实现。这就要求设计师更好地利用光影元素，为玩家带来更好的游戏体验。良好的光影元素可以营造更好的游戏氛围，为玩家带来好莱坞大片中的视觉体验，并使玩家在视

图 1-69　不同的光源效果

觉和听觉上更具魔幻感，让游戏更有层次感，动静结合，光影纵横交错，形成更加有层次的游戏场景，给人一种奇特、光怪陆离的真实游戏体验，如图 1-70 所示。

图 1-70　完美世界梦间集工作室绘制的场景原画

2. 光影特效的表现

用光影明暗来塑造和表现人物的体积、结构、空间、层次等关系时，其造型更具立体感和艺术的真实性，更为接近大众娱乐的审美需求。当人物对象展现在人们眼前时，会有极其丰富的明暗色调，这种明暗色调的变化是由人物自身结构的转折变化受到外界光线的照射所形成的。光线作用下的人物明暗变化是复杂和微妙的，但应运用概括、归纳的手法，主观有意识地去处理，而不要细致入微地照搬摹写，如图 1-71 所示。

图 1-71　From Software《血源诅咒》场景中的光影特效表现

1.6.3　任务实施

文字描述：

现实世界与另一个世界产生了融合，那是一个被神统治，拥有魔法的世界。

绘制一张两种时空文化相融合的场景，强调光影和氛围，区别于普通的场景展示图，突出场景中的时代特征。位图为 RGB 模式，图片尺寸为 A4 大小，300 像素分辨率，以 JPG 格式（最佳品质）提交。如图 1-72 所示为素材参考。

(a) 完美世界《青云志》　　　　　(b) 完美世界美术中心场景原画作品

图 1-72　素材图片

评分标准：

　　① 按要求完成作品（30分）。

　　② 整体效果符合命题的特征（20分）。

　　③ 作品呈现与效果。场景透视准确（20分）。

　　④ 光影和氛围的表现，可以绘制黑白效果（30分）。

本章小结

　　本章介绍了游戏美术的概念、游戏美术所包含的内容、游戏美术的分工、游戏美术所使用的工具和软件，了解了游戏美术基础的基本法则、制作规范和游戏美术设计方案所需要的元素。通过介绍游戏美术中色彩原理的基础、人体的基本结构、一点透视、两点透视的画法、光影的表现，让读者进行系统练习，从而达到数字绘画初级的标准。

第2章 数字图像处理

在如今的数字网络时代中，抛开传统的纸张笔墨，使用数字化仪器及其他辅助设备在计算机上创作图像作品，这是随着计算机技术进步而产生的新的艺术形式——数字绘画。在游戏美术设计中，数字绘画的应用非常广泛，因为它有着使用便捷、修改方便、便于传输和保存的独有特性和先天优势。要想学好数字绘画，必须掌握数字绘画的软件，本章主要介绍Photoshop 软件中的一些基本操作。在 2.1 节中介绍 Photoshop 在各个设计领域中的应用，然后介绍 Photoshop 软件的基本操作，包括安装方法、新建文件、修改图像尺寸和文件保存。在 2.2 节中主要介绍 Photoshop 中所有快捷键的使用，掌握快捷键，能够大大提升绘画的效率。在 2.3 节中主要介绍 Photoshop 中色阶功能的使用。在 2.4 节中介绍 Photoshop 图像调节的基本使用方法，包括色相/饱和度的运用、吸管工具的使用、自然饱和度和亮度、对比度的基本使用方法。在 2.5 节中主要介绍图层和蒙版的操作等。在 2.6 节中先介绍构图、景别的基础，再结合 2.1 节~2.5 节的所掌握的内容设计一个小型的情景绘制。

2.1 Photoshop 的基本操作

Photoshop 的基本操作

PPT

本节内容以 Photoshop CC 版本为主。CC 指 Creative Cloud，即云服务下的新软件平台。云服务对于用户而言，主要优势在于用户可以把自己的工作转移到云平台上，由于所有工作结果都存储在云端，因此可以随时随地在不同的平台上进行工作，而云端存储也解决了数据丢失和同步问题。

2.1.1 知识准备

微课
数字图像处理 1

1. Photoshop 在游戏美术中的应用

Photoshop 是全球领先的数码影像编辑软件，其应用十分广泛，不论是平面设计、3D

动画、数码艺术、网页制作、矢量绘图、多媒体制作还是桌面排版，Photoshop 在每一个领域都发挥着重要的作用。

（1）Photoshop 在数字绘画中的应用

数字绘画艺术作为 IT 时代的先锋视觉表达艺术之一，其触角延伸到网络、广告、动漫、游戏甚至服装，数字绘画已经成为新文化群体表达文化意识形态的利器，如图 2-1 所示。

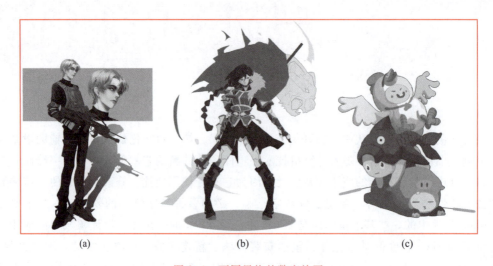

(a)　　　　　　　　　　(b)　　　　　　　　　　(c)

图 2-1　不同风格的数字绘画

（2）Photoshop 在界面设计中的应用

从以往的软件界面、游戏界面到如今的手机操作界面、智能家电等，界面设计这一新兴行业伴随着计算机、网络和智能电子产品的普及而迅速发展。界面设计与制作主要是使用 Photoshop 来完成，使用其渐变、图层样式和滤镜等功能可以制作出各种真实的质感和特效，如图 2-2 所示。

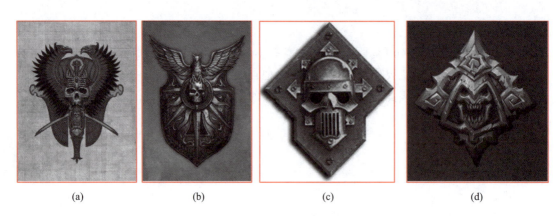

(a)　　　　　　　　(b)　　　　　　　　(c)　　　　　　　　(d)

图 2-2　Games Workshop《战锤》中的图标造型

（3）Photoshop 在动画与 CG 设计中的应用

　　3ds Max、Maya 等三维软件的贴图制作功能都比较弱，模型贴图通常要用 Photoshop 来制作，使用 Photoshop 制作人物皮肤贴图、场景贴图和各种质感的材质不仅效果逼真，还能为动画渲染节省宝贵的时间，如图 2-3 所示。

微课
数字图像处理 3

图 2-3　CAPCOM《鬼泣 5》中的角色

2. 安装 Photoshop CC 的系统需求

　　由于 Windows 操作系统和 Mas OS 操作系统之间存在差异，Photoshop CC 安装的要求也不同，以下是 Adobe 推荐的最低系统要求，如图 2-4 和图 2-5 所示。

Windows系统
CPU处理器：Intel Pentium 4 或 AMD Athlon 64 处理器 (2GHz 或更快)
系统选择：Microsoft Windows 7　（装有Service Pack 1）或 Windows 8
内存：1GB
存储空间：2.5GB 的可用硬盘空间以进行安装；安装期间需要额外可用空间 (无法安装在可移动存储设备上)
显示器及显卡：1024×768 显示器 (建议使用 1280×800)，具有 Open GL 2.0、16 位色和 512MB 的 显存 (建议使用 1GB)

图 2-4　Windows 系统需求

Mac OS系统
CPU处理器：Intel多核处理器，支持64位
系统选择：Mac OS X V10.7 或 V10.8版
内存：1GB
存储空间：3.2GB 的可用硬盘空间以进行安装；安装期间需要额外可用空间 (无法安装在使用区分大小写的档案系统的磁盘区或可抽换存储装置上)
显示器及显卡：1024×768 显示器 (建议使用 1280×800)，具有 Open GL 2.0、16 位色和 512MB 的 显存 (建议使用 1GB)

图 2-5　Mac OS 系统需求

Photoshop CC 由于需要一些最新图形硬件接口支持，而 Windows XP 系统不具备这些条件，因此，Photoshop CC 不兼容 Windows XP 系统。

2.1.2　技能准备

1. 在 Photoshop 软件中新建文件

在 Photoshop 中不仅可以编辑一个现有的图像，也可以创建一个全新的空白文件，然后在它上面绘画。

选择菜单"文件"→"新建"命令，打开"新建"对话框，输入预设详细信息，设置文件尺寸、分辨率、颜色模式和背景内容等选项，单击"创建"按钮，即可创建一个空白文件，如图 2-6 所示。

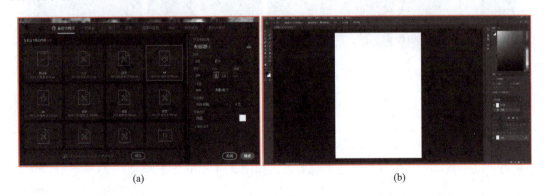

　　　　　　(a)　　　　　　　　　　　　　　　　　　(b)

图 2-6　创建文件

在"预设详细信息"选项，可输入文件名称，也可以使用默认的文件名"未标题-1"。创建文件后，文件名会显示在文档窗口的标题栏中。保存文件时，文件名会自动显示在存储文件的对话框中，如图 2-7 所示。

Photoshop 软件中还提供了各种常用文档的预设选项，如照片、打印、图稿和插图、Web、移动设备、胶片和视频。例如要创建一个 5 英寸×7 英寸的照片文档，可以选择"照片"选项，选择"横向，5×7"，即可创建一个 5 英寸×7 英寸的照片文档，如图 2-8 所示。

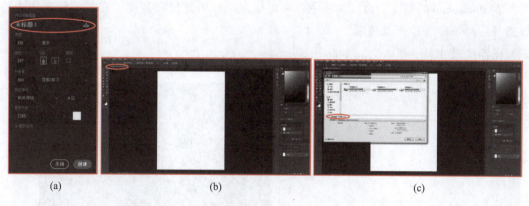

(a)　　　　　　(b)　　　　　　(c)

图 2-7　文件命名

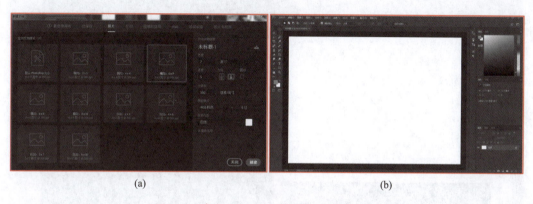

(a)　　　　　　　　　　(b)

图 2-8　建成一个 5 英寸×7 英寸的照片文档

在数字绘画中最常用的画面大小是 A4 尺寸，单击"创建"按钮，在文档的预设选项中选择"打印"，再选择"A4"选项，可以根据自己绘画的要求选择文档的方向是横还是竖，分辨率通常选择默认的 300 像素/英寸，颜色模式选择"RGB 颜色、8 位"，背景内容为白色。单击"创建"按钮，即可创建一个数字绘画中常用的 A4 尺寸的画面文档，如图 2-9 所示。

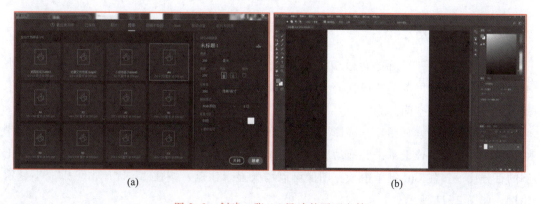

(a)　　　　　　　　　　(b)

图 2-9　创建一张 A4 尺寸的画面文档

在 Photoshop 的宽度、高度选项中，可以输入文件的宽度和高度，在其右侧选项中可以选择一种单位（包括"像素""英寸""厘米""毫米""磅"和"派卡"），还可以自定义画面的尺寸大小和单位，如图 2-10 所示。

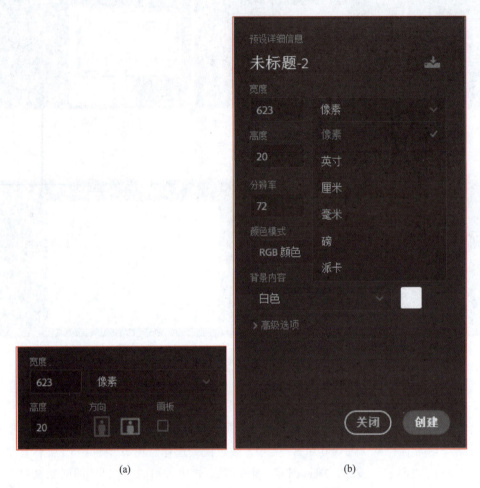

(a)   (b)

图 2-10   自定义画面的尺寸大小和单位

2. 修改图像的尺寸

使用"图像大小"命令可以调整图像的像素大小、打印尺寸和分辨率。修改像素大小不仅会影响图像在屏幕上的视觉大小，还会影响图像的质量及其打印特性，同时也决定了其占用多大的存储空间。

选择打开一张素材图片，选择菜单"图像"→"图像大小"命令，打开"图像大小"对话框。在预览图像上单击并拖动鼠标，定位显示中心，此时预览图像底部会出现显示比例的百分比。按住 Ctrl 键单击预览图像可以增大显示比例，按住 Alt 键单击可以减小显示比例，如图 2-11 所示。

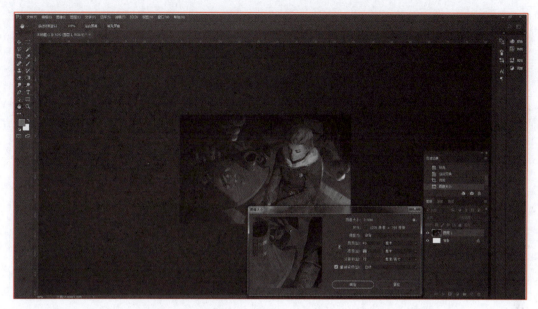

图 2-11 出自游戏《Hearts of valor》的素材图片

宽度、高度和分辨率选项用来设置图像的打印尺寸，操作方法有两种。第 1 种是先选中"重新采样"复选框，然后修改图像的宽度和高度，这会改变图像的像素数量。例如，减小图像的大小时（25cm×15.55cm），就会减少像素数量，此时图像虽然变小，但画质不会改变，如图 2-12 所示。

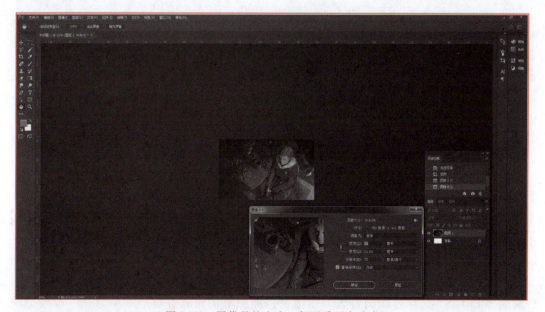

图 2-12 图像虽然变小，但画质不会改变

而增加图像的大小或提高分辨率时（90cm×55.98cm），会增加新的像素，这时图像尺寸虽然增大，但画质会下降，如图 2-13 所示。

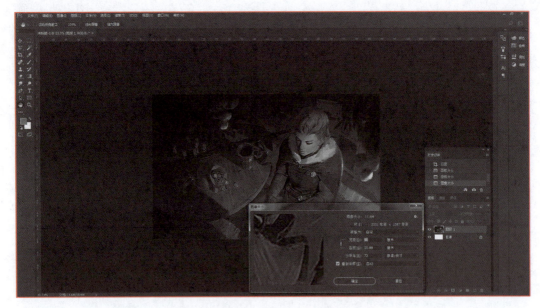

图 2-13 图像尺寸增大，但画质会下降

第 2 种方式是，先取消选中"重新采样"复选框，再修改图像的宽度或高度。这时图像的像素总量不会变化，也就是说，减少宽度和高度时（25cm×15.56cm），会自动增加分辨率，而增加宽度和高度时（90cm×56cm），会自动减少分辨率。图像的视觉大小看起来不会有任何改变，画质也没有变化，如图 2-14 所示。

(a)   (b)

图 2-14 图像的视觉大小看起来不变，画质也不变

3. Photoshop 的文件保存

（1）用"存储"命令保存文件

当打开一个图像文件并对其编辑后，可以选择菜单"文件"→"存储"命令，或者按快捷键 Ctrl+S，保存所做的修改，图像会按照原有的格式存储。如果这是一个新建文件，则执行该命令会打开"另存为"对话框。

（2）用"另存为"命令保存文件

如果要将文件保存为另外的名称和其他格式，或存储到其他位置，可以选择菜单"文件"→"另存为"命令，在打开的"另存为"对话框中设置文件保存位置、文件名称与保存类型，如图 2-15 所示。

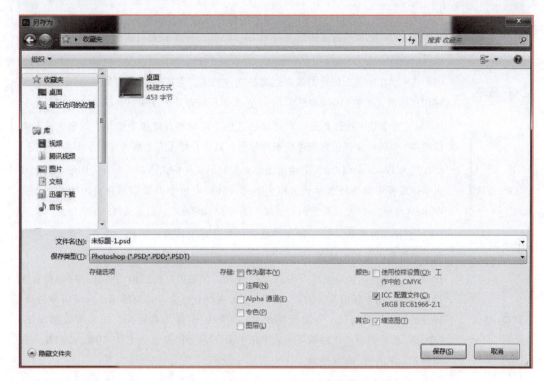

图 2-15　"另存为"对话框

（3）Photoshop 的文件格式

文件格式决定了图像数据的存储方式、压缩方法、支持什么样的 Photoshop 功能，以及文件是否与一些应用程序兼容。使用"存储"或"存储为"命令保存图像时，可以在打开的"另存为"对话框中选择文件保存类型，如图 2-16 所示，具体见表 2-1。

表 2-1　PS 文件格式

文件格式	说明
PSD 格式	PSD 是 Photoshop 默认的文件格式，它可以保留文档中包含的所有图层、蒙版、通道、路径、未栅格化的文字、图层样式等内容。通常情况下，都是将文件保存为 PSD 格式，以后可以随时修改。PSD 是除大型文档格式（PSB）之外支持所有 Photoshop 功能的格式，其他 Adobe 程序（如 Illustrator、InDesign 和 Premiere 等）都可以直接置入 PSD 文件
PSB 格式	PSB 格式是 Photoshop 的大型文档格式，可支持高达 300 000 像素的超大图像文件。它支持 Photoshop 的所有功能，可以保持图像中的通道、图层样式和滤镜效果不变，但只能在 Photoshop 中打开。如果要创建一个 2GB 以上的 PSD 文件，可以使用该格式

续表

文件格式	说明
BMP 格式	BMP 是一种用于 Windows 操作系统的图像格式，主要用于保存位图文件。该格式可以处理 24 位颜色的图像，支持 RGB、位图、灰度和索引模式，但不支持 Alpha 通道
GIF 格式	GIF 是基于在网络上传输图像而创建的文件格式，它支持透明背景和动画，被广泛应用在网络文档中。GIF 格式采用 LZW 无损压缩方式，压缩效果较好
Dicom 格式	Dicom（医学数字成像和通信）格式通常用于传输和存储医学图像，如超声波和扫描图像。Dicom 文件包含图像数据和标头，其中存储了有关病人和医学图像的信息
EPS 格式	EPS 是为 PostScript 打印机上输出图像而开发的文件格式，几乎所有的图形、图表和页面排版程序都支持该格式。EPS 格式可以同时包含矢量图形和位图图像，支持 RGB、CMYK、位图、双色调、灰度、索引和 Lab 模式，但不支持 Alpha 通道
IFF 格式	IFF（交换文件风格）是一种便携格式，它具有支持静止图片、声音、音乐、视频和文本数据的多种扩展名
JPEG 格式	JPEG 是由联合图像专家组开发的文件格式。它采用有损压缩的方式，即通过有选择地扔掉数据来压缩文件大小。JPEG 图像在打开时会自动解压缩。压缩级别越高，得到的图像品质越低；压缩级别越低，得到的图像品质越高。在大多数情况下，"最佳"品质选项产生的结果与原图几乎无分别。JPEG 格式支持 RGB、CMYK 和灰度模式，不支持 Alpha 通道
PCX 格式	PCX 格式采用 RLE 无损压缩方式，支持 24 位、256 色的图像，适合保存索引和线稿模式的图像。该格式支持 RGB、索引、灰度和位图模式，以及一个颜色通道
PDF 格式	便携文档格式 PDF 是一种跨平台、跨应用程序的通用文件格式，它支持矢量数据和位图数据，具有电子文档搜索和导航功能，是 Adobe Illustrator 和 Adobe Acrobat 的主要格式。PDF 格式支持 RGB、CMYK、索引、灰度、位图和 Lab 模式，不支持 Alpha 通道
Raw 格式	Photoshop Raw（.raw）是一种灵活的文件格式，用于应用程序与计算机平台之间传递图像。该格式支持具有 Alpha 通道的 CMYK、RGB 和灰度模式，以及无 Alpha 通道的多通道、Lab、索引和双色调模式。以 Photoshop Raw 格式存储的文档可以为任意像素大小，但不能包含图层
Pixar 格式	Pixar 是专门为高端图形应用程序（如用于渲染三维图像和动画的应用程序）所设计的文件格式。它支持具有单个 Alpha 通道的 RGB 和灰度图像
PNG 格式	PNG 是作为 GIF 的无专利替代产品而开发的，用于无损压缩和在 Web 上显示图像。与 GIF 不同，PNG 支持 244 位图像并产生无锯齿状的透明背景，但某些早期的浏览器不支持该格式
PBM 格式	便携位图 PBM 文件格式支持单色位图（1 位/像素），可用于无损数据传输。许多应用程序都支持该格式，甚至可在简单的文本编辑器中编辑或创建此类文件

续表

文件格式	说明
Scitex 格式	Scitex 格式用于 Scitex 计算机上的高端图像处理，它支持 CMYK、RGB 和灰度图像，不支持 Alpha 通道
TGA 格式	TGA 格式专用于使用 Truevsion 视频板的系统，它支持一个单独 Alpha 通道的 32 位 RGB 文件，以及无 Alpha 通道的索引、灰度模式，16 位和 24 位 RGB 文件
TIFF 格式	TIFF 是一种通用的文件格式，所有的绘画、图像编辑和排版程序都支持该格式。而且，几乎所有桌面扫描仪都可以产生 TIFF 图像。该格式支持具有 Alpha 通道的 CMYK、RGB、Lab、索引颜色和灰度图像，以及没有 Alpha 通道的位图模式图像。Photoshop 可以在 TIFF 文件中存储图层，但是，如果在另一个应用程序中打开该文件，则只有拼合图像是可见的
MPO 格式	MPO 是 3D 图片或 3D 照片使用的文件格式

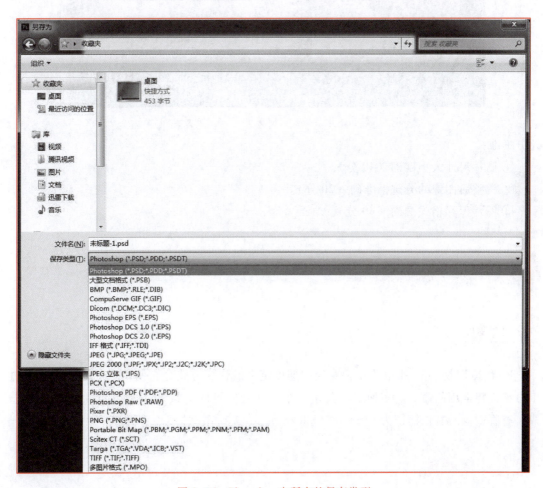

图 2-16　Photoshop 中所有的保存类型

2.1.3　任务实施

　　创建一张 1920 像素×1080 像素大小，分辨率为 300 像素的图层，将素材图片拖动到图层中。利用"图像"命令，将图片的分辨率由 300 像素改为 72 像素，最后分别存储为 PSD 格式和 JPGE 格式提交，如图 2-17 所示。

图 2-17　图片素材来自完美世界《新笑傲江湖》

评分标准：

　　① 图片尺寸大小准确（40 分）。

　　② 调整后图像的分辨率准确（20 分）。

　　③ 图片保存格式准确（40 分）。

2.2　Photoshop 快捷键

2.2.1　知识准备

　　PS 快捷键是 Photoshop 为了提高绘图速度定义的快捷方式，它使用一个或几个简单的字母来代替常用的命令。多种工具共用一个快捷键的可同时按 Shift 键与此快捷键进行选取，查看键盘所有快捷键为 Ctrl+Alt+Shift+K。

2.2.2　技能准备

　　PS 快捷键分为工具快捷键、文件操作快捷键、图像调整快捷键、编辑文字快捷键和图层操作快捷键。

1. 工具快捷键，见表 2-2

表 2-2 工具快捷键

快捷键	用途	快捷键	用途	快捷键	用途
M	矩形、椭圆选框工具	L	套索、多边形套索、磁性套索	E	橡皮擦工具
C	裁剪工具	S	仿制图章、图案图章	J	画笔修复工具、修补工具
+	添加锚点工具	V	移动工具	Y	历史记录画笔工具
R	模糊、锐化、涂抹工具	–	删除锚点工具	W	魔棒工具
N	铅笔、直线工具	O	减淡、加深、海绵工具	A	直接选取工具
B	画笔工具	I	吸管、颜色取样器	P	钢笔、自由钢笔、磁性钢笔
K	油漆桶工具	U	度量工具	D	默认前景色和背景色
T	文字、直排文字、直排文字蒙板	空格键	使用抓手工具	H	抓手工具
X	切换前景色和背景色	G	径向渐变、度渐变、菱形渐变	Tab	工具选项面板
Z	缩放工具	Ctrl	临时使用移动工具	[	选择第一个画笔
Q	切换标准模式和快速蒙板模式	Alt	临时使用吸色工具	]	选择后一个画笔
F	带菜单栏全屏模式、全屏模式	数字键0至9	输入工具选项	Ctrl+[	移动图层至下一层
Ctrl+Shift+]	图层置顶	Ctrl+]	移动图层至上一层	[或]	循环选择画笔

2. 文件操作快捷键，见表 2-3

表 2-3 文件操作快捷键

快捷键	用途	快捷键	用途
Ctrl+N	新建图形文件	Ctrl+Alt+N	默认设置创建新文件
Ctrl+O	打开已有的图像	Ctrl+Alt+O	打开为

续表

快捷键	用途	快捷键	用途
Ctrl+Shift+N	新建图层	Ctrl+Shift+S	另存为
Ctrl+W	关闭当前图像	Alt+Ctrl+K	显示的"预置"对话框
Ctrl+Alt+S	存储副本	Ctrl+S	保存当前图像
A	应用当前所选效果并使参数可调	Ctrl+Shift+P	页面设置
Ctrl+K	打开"预置"对话框	Ctrl+4	设置透明区域与色域
Ctrl+1	设置"常规"选项	Ctrl+6	设置参考线与网格
Ctrl+P	打印	Ctrl+2	设置存储文件
Ctrl+3	设置显示和光标	Ctrl+5	斜面和浮雕效果
Ctrl+4	内发光效果	Ctrl+3	外发光效果
Ctrl+5	设置单位与标尺	Ctrl+1、2、3、4	通道选择

3. 图像调整快捷键，见表 2-4

表 2-4　图像调整快捷键

快捷键	用途	快捷键	用途
Ctrl+T	自由变换	Ctrl+Shift+Alt+T	再次变换
Ctrl+Alt+I	图像大小	Ctrl+L	色阶
Ctrl+Alt+C	画布大小	Ctrl+U	色相/饱和度
Ctrl+M	曲线	Alt+Shift+Ctrl+B	黑白
Shift+Ctrl+U	去色	Ctrl+I	反相
Ctrl+B	色彩平衡		

4. 编辑文字快捷键，见表 2-5

表 2-5　编辑文字快捷键

快捷键	用途	快捷键	用途
Ctrl+选中文字	移动图像的文字	Ctrl+H	选择文字时显示/隐藏
↑键+单击鼠标左键	选择从插入点到鼠标点的文字	↑+Ctrl+U	使用/不使用下画线
↑键+Ctrl+/	使用/不使用中间线	↑+Ctrl+K	使用/不使用大写英文
↑键+Ctrl+H	使用/不使用 Caps		

5. 图层操作快捷键，见表 2-6

表 2-6　图层操作快捷键

快捷键	用途	快捷键	用途
Shift+Alt+N	正常	Shift+Alt+M	正片叠底
Shift+-或+	循环选择混合模式	Shift+Alt+I	溶解
Shift+Alt+D	颜色减淡	Shift+Alt+L	阈值（位图模式）
Shift+Alt+Q	背后	Shift+Alt+B	颜色加深
Ctrl+Alt+W	强行关闭当前对话框	Shift+Alt+R	清除
Shift+Alt+T	饱和度	Ctrl+Alt+Z	无限返回上一步
Shift+Alt+S	屏幕	Ctrl+Shift+D	重新选择
Alt+←/→	修改字距	Shift+Alt+O	叠加
Shift+Alt+G	变亮	Alt+↑/↓	修改行距
Shift+Alt+F	柔光	Shift+Alt+E	差值
Ctrl+Alt+V	粘贴	Shift+Alt+H	强光
Shift+Alt+X	排除	Ctrl+A	全部选取
Shift+Alt+K	变暗	Shift+Alt+U	色相
数字键盘的 Enter	路径变选区	Shift+Alt+G	变亮
Shift+Alt+C	颜色	Ctrl+Alt+D	羽化选择
Shift+Alt+Y	光度	Ctrl+J	复制当前图层
Ctrl+点按图层、路径	载入选区	Ctrl+D	取消选择
Ctrl+Shift+I	反向选择		

2.2.3　任务实施

熟记常用快捷键的应用。

2.3　Photoshop 色彩调整的基本操作方法

Photoshop 色彩调整的基本操作方法

`PPT`

2.3.1　知识准备

"色阶"命令可以对图像中的亮调、暗调及中间调区域分别进行调整，是调整图像对比度、校正图像偏色时经常用到的命令之一。选择菜单"图像"→"调整"→"色阶"命令，弹出"色阶"对话框，如图 2-18 所示。

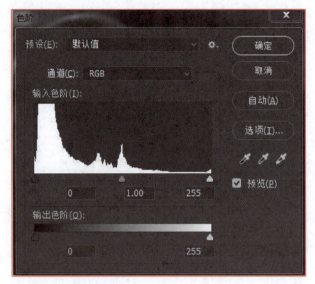

图 2-18　"色阶"对话框

"色阶"对话框各参数的含义如下。

1. 通道

在该下拉列表框中可以选择要调整的通道，在调整不同颜色模式的图像时，该下拉列表框中的选项也不尽相同，例如，在 CMYK 模式的图像中，该下拉列表框中只显示"CMYK""青色""黄色""洋红""黑色"5 个选项，而在灰度模式下，由于此时只有一个灰色通道，所以该下拉列表框将不再提供其他选项，如图 2-19 所示。

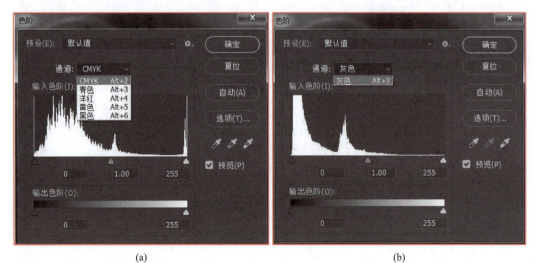

(a)　　　　　　　　　　　　　　　(b)

图 2-19　色阶中的"通道"选项

2. 输入色阶和输出色阶

分别拖动"输入色阶"直方图下方的黑、灰、白色滑块或在"输入色阶"数值框中输入数值，可以相应地改变照片的暗调、中间调或高光，从而增加图像的对比度，向左拖动白色滑块或灰色滑块，可以使图像变亮，向右拖动黑色块或灰色块，可以使图像变暗。

拖动"输出色阶"下方控制条上的滑块或在"输出色阶"数值框中输入数值，可以重新定义暗调和高光值，以降低图像的对比度，其中向右拖动黑色滑块，可以降低图像暗部对比度从而使图像变亮；向左拖动白色块，可以降低图像亮部对比度从而使图像变暗，如图 2-20 所示。

图 2-20　"输入色阶"和"输出色阶"设置

3. 自动

单击"自动"按钮，Photoshop 将自动调整图像，其实质是 Photoshop 以 0.5% 的比例调整图像的亮度，将图像中最亮的像素变成白色，最暗的像素变成黑色，使图像中的亮度分布更均匀，消除图像不正常的亮部与暗部像素，如图 2-21 所示。

图 2-21　自动调整后的效果

2.3.2　技能准备

1. 使用色阶调整图像

打开要调整的图片，按 Ctrl+L 快捷键打开"色阶"对话框，如果要增加图像的明度，可以在"输入色阶"区域中向左拖动白色滑块，如果要增加图像的暗度，可以向右拖动其中的黑色滑块，如图 2-22 所示。

(a) 原图

(b) 白色滑块向左拖动提升明度

(c) 黑色滑块向右拖动增加暗度

图 2-22   用输入色阶调整图像的效果（示例图片来自暴雪公司《魔兽世界》）

如果要降低图像的明度可以向左拖动"输出色阶"区域的白色滑块，如果要降低图像的暗度可以向右拖动该区域的黑色滑块，如图 2-23 所示。

(a)

(b)

图 2-23   用输出色阶调整图像的效果

2. 使用色阶中的吸管调整图像颜色

除使用"输入色阶"与"输出色阶"对图像进行调整外，还可以使用 3 个吸管工具来调整图像对比度。常用的吸管工具有黑色吸管、白色吸管和灰色吸管，选择其中任一吸管，将鼠标指针移到当前图像窗口中时，指针将变为相应的吸管形状，单击即可完成色调调整。选中黑色吸管工具，然后在图像中某一位置单击，图像中暗于单击点的所有像素都会变为黑色；选中灰色吸管工具在图像中某一位置单击，单击点的像素都会变为灰色，图像中的其他颜色也会相应调整；当使用白色吸管工具在图像中某一位置单击，图像中亮于单击点的所有像素都会变为白色，双击任意吸管工具，在弹出的"颜色"对话框中设置吸管颜色，如图 2-24 所示。

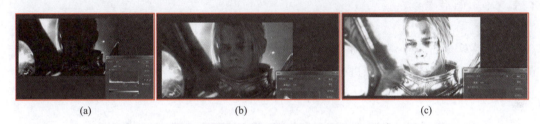

　　　　(a)　　　　　　　　　　　(b)　　　　　　　　　　　(c)

图 2-24　黑色吸管效果、灰色吸管效果和白色吸管效果

2.3.3　任务实施

根据提供的图 2-25，利用本节学习的知识技能点，让图片整体明暗对比度更强烈，将图片中的光源调试得更明亮，位图为 RGB 模式，以 JPG 格式（最佳品质）提交。

图 2-25　CD PROJEKT RED《赛博朋克 2077》场景

评分标准：

    ① 图像整体效果（40 分）。

    ② 画面的明暗对比（30 分）。

    ③ 光源的处理（30 分）。

2.4　Photoshop 图像调节的基本使用方法

Photoshop 图像
调节的基本使
用方法

PPT

2.4.1　知识准备

选择菜单"图像"→"调整"→"色相/饱和度"命令可以依据不同的颜色分类进行调色操作，还可以直接为图像进行统一着色操作，使用快捷键 Ctrl+U，弹出如图 2-26 所示的对话框，具体说明如下。

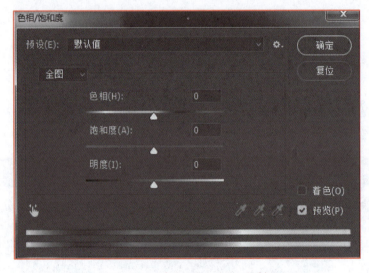

图 2-26　"色相/饱和度"对话框

1. 编辑

此选项用于确定调整的目标，在该下拉列表框中选择"全图"选项，则同时对图像中的所有颜色进行调整，如果选择"绿色""黄色""红色""蓝色""青色"或"洋红"选项中的一项，则仅对图像中相对应的颜色进行调整，如图 2-27 所示。

2. 色相、饱和度、明度

"色相/饱和度"命令可以根据色彩的三要素来直观地进行调色。

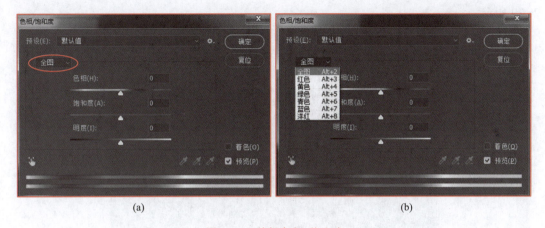

图 2-27　编辑色相/饱和度

① 色相：调整对应的角度值来改变色相，范围在 -180°~180°，正好是 360°，一个色相环。

② 饱和度：调整色彩鲜艳程度，范围在 -100°~100°，当调到 -100°时，这时是灰色，也就是没有色相，再修改色相将不会有变化，因为灰色不具备色彩意义。

③ 明度：调整明度，就是调节发光亮，范围也在 -100~100，当调到 100 时，这时为白光，也就是光线最强。

3. 着色

选择该选项，可以将图像调整为一种单色调效果。

4. 吸管工具

在"编辑"下拉列表框中选择除"全图"选项以外的任意一个选项，即可激活该工具，使用该工具可以在图像中吸取颜色，从而达到精确调节颜色的目的。

5. 色谱带

在"色相/饱和度"对话框底部显示了两条色谱，位于上面的一条是原色谱，它在调整颜色的过程中是不变的，而下面的一条是调整后的色谱，显示了调整后原色谱被调整转换的颜色，如图 2-28 所示。

2.4.2　技能准备

1. 用吸管拾取色彩色值

在工具栏中找到吸管工具（按快捷键 I），该工具可以拾取色彩色值，具体位置如图

2-29 所示。

① 在画笔工具下，按住 Alt 键就可以快速切换到吸管工具。

② 按住 Shift+Alt 的同时右击，即可出现 HUD 拾色器，如图 2-30 所示。

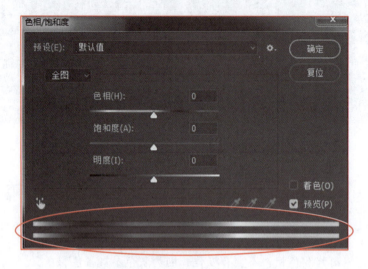

图 2-28　色谱

图 2-29　吸管工具

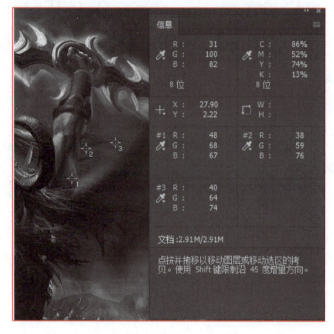

图 2-30　HUD 拾色器界面

③ 在吸管工具状态下，打开一张图片，如用吸管工具单击红色区域，即可快速生成前景色，因为吸管工具可以把颜色值吸取过来，最后就可以根据吸取过来的前景色进行填充，如图 2-31 所示。

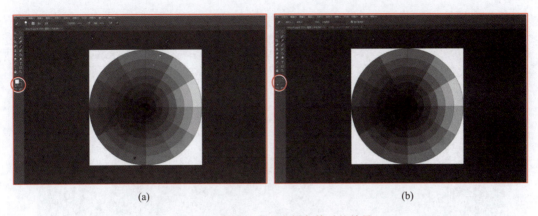

(a) (b)

图 2-31 圆圈处为吸取颜色前后的效果

2. 自然饱和度

自然饱和度是用于调整色彩饱和度的命令，它的特别之处是可在增加饱和度的同时防止颜色过于饱和而出现溢色，非常适合处理人像。

打开一张由森气楼绘制的拳皇插画图片，选择菜单"图像"→"调整"→"自然饱和度"命令，打开"自然饱和度"对话框。其中有两个滑块，向左拖动"自然饱和度"滑块可以降低颜色的饱和度，向右拖动则可以增加饱和度。拖动"饱和度"滑块，可以增加或减少所有颜色的饱和度，如图 2-32 所示。

(a) (b)

图 2-32 "自然饱和度"对话框

如图 2-33 所示为增加饱和度时的效果，可以看出，色彩过于鲜艳，人物皮肤的颜色显得非常不自然。

拖动"自然饱和度"滑块增加饱和度时则完全不同，Photoshop 不会生成过于饱和的颜色，并且即使将饱和度调到最高值，皮肤的颜色变得红润以后，仍然能保持自然、真实的效果，如图 2-34 所示。

图 2-33 增加饱和度时的效果

图 2-34 拖动"自然饱和度"滑块后的效果

3. 亮度、对比度调整

"亮度/对比度"命令可以调整图像的色调范围。它的使用方法非常简单，打开一张怪物猎人的图片，选择菜单"图像"→"调整"→"亮度/对比度"命令，打开"亮度/对比度"对话框，向左拖动滑块可降低亮度和对比度，向右拖动滑块可增加亮度和对比度，如图 2-35 所示。

图 2-35　调整亮度、对比度的效果对比（示例图来自 CAPCOM《怪物猎人》）

2.4.3　任务实施

图 2-36 在色彩上整体显得比较灰暗，利用所学习的知识技能，通过色相/饱和度的调整，让画面效果更加美观。

图 2-36　素材图片　完美世界梦间集工作室场景原画

评分标准：

　①画面整体的效果（30 分）。

　②画面的亮度调整（20 分）。

　③在色相/饱和度上的调整（30 分）。

　④画面整体色彩的搭配（20 分）。

2.5　图层和蒙版的操作

2.5.1　知识准备

　　图层样式也叫图层效果，它可以为图层中的图像添加诸如投影、发光、浮雕和描边等效果，创建具有真实质感的水晶、玻璃、金属和纹理特效。图层样式可以随时修改、隐藏或删除，具有非常强的灵活性。此外，使用系统预设样式，或者载入外部样式，只需要单击鼠标，便可以将效果应用于图像。

　　如果要为图层添加样式，选择菜单"图层"→"图层样式"命令，从中选择一个效果命令，打开"图层样式"对话框，并进入到相应效果的设置面板，如图 2-37 所示。

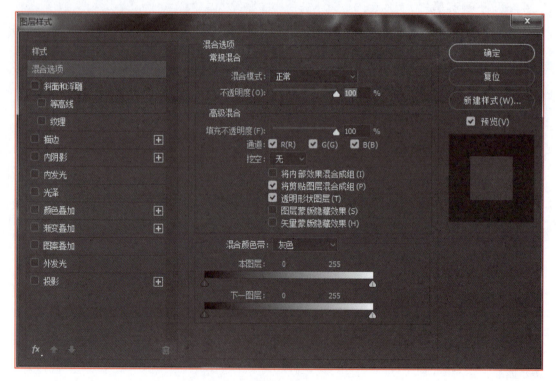

图 2-37　"图层样式"对话框

　　图层样式中有很多不同的选项，设计时可以根据自己的想法和要求来选择合适的效果。

1. 斜面和浮雕

"斜面和浮雕"效果可以对图层添加高光与阴影的各种组合，使图层内容呈现立体的浮雕效果，如图 2-38 所示为原图添加该效果后的图像。

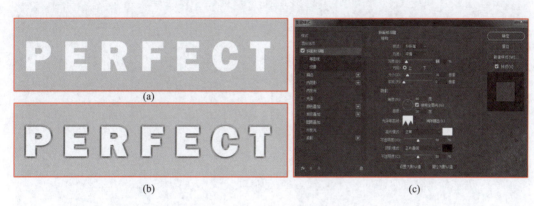

图 2-38　原图添加斜面和浮雕效果后的图像

（1）斜面和浮雕的样式

在"斜面和浮雕"设置界面中，在"样式"选项中选择"外斜面"选项，可在图层内容的外侧边缘创建斜面；选择"内斜面"选项，可在图层内容的内侧边缘创建斜面；选择"浮雕效果"选项，可模拟使图层内容相对于下层图层呈浮雕状的效果；选择"枕状浮雕"选项，可模拟图层内容的边缘压入下层图层产生的效果；选择"描边浮雕"选项，可将浮雕应用于图层秒变效果的边界。如图 2-39 所示为各种浮雕的样式。

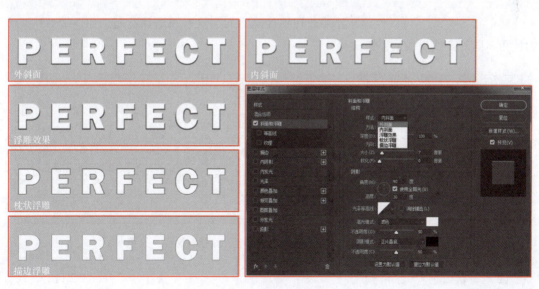

图 2-39　各种浮雕的样式

（2）设置等高线

选中对话框左侧的"等高线"复选框，可以切换到"等高线"设置界面，如图 2-40 所示。

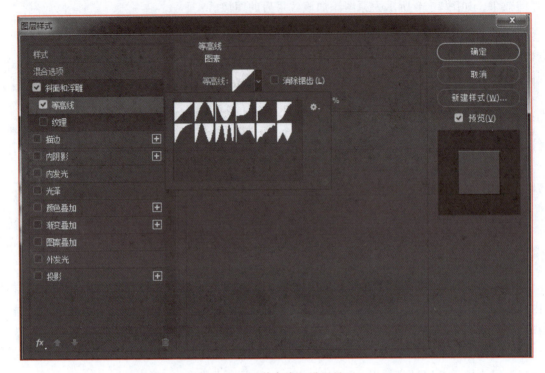

图 2-40　"等高线"设置界面

使用"等高线"可以勾画在浮雕处理中被遮住的起伏、凹陷和凸起，如图 2-41 所示为使用不同等高线生成的浮雕效果。

图 2-41　使用不同等高线生成的浮雕效果

（3）设置纹理

选中对话框左侧的"纹理"复选框，可以切换到"纹理"设置界面，对图案添加不同的纹理效果，如图 2-42 和图 2-43 所示。

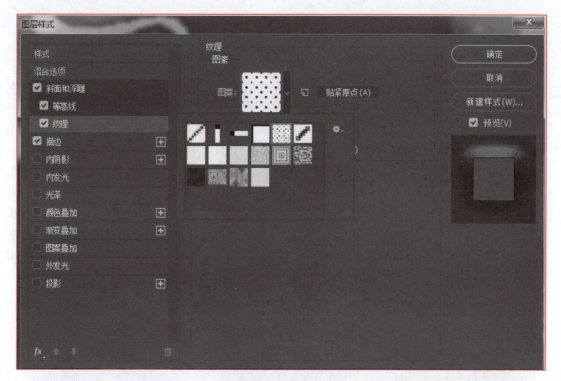

图 2-42 "纹理"设置界面

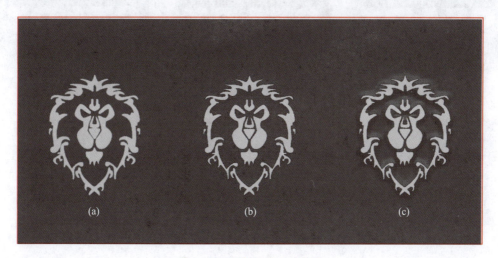

图 2-43 添加纹理后的效果

2. 描边

"描边"效果可以使用颜色、渐变或图案描画对象轮廓，它对于硬边形状（如文字等）特别有用。如图 2-44 所示为描边参数选项和原图像。

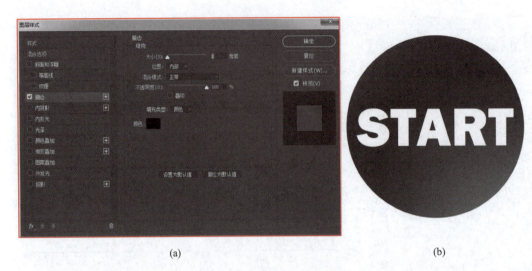

(a)   (b)

图 2-44   描边参数选项和原图像

如图 2-45 所示从左至右分别为颜色描边效果、渐变描边效果和图案描边效果。

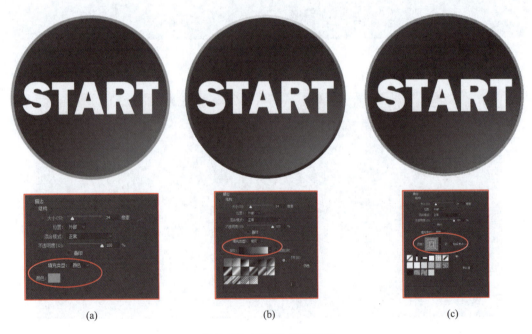

(a)   (b)   (c)

图 2-45   不同的描边效果

3. 内阴影

"内阴影"效果可以在紧靠图层内容的边缘内添加阴影，使图层内容产生凹陷效果，如图 2-46 所示为原图像和内阴影的参数。

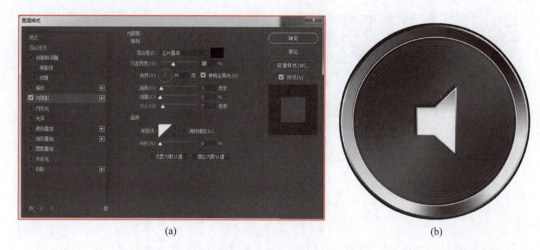

图 2-46　原图像和内阴影的参数

　　"内阴影"与"投影"的选项设置方式基本相同。它们的不同之处在于，"投影"是通过"扩展"选项来控制投影边缘的渐变程度，而"内阴影"则通过"阻塞"选项来控制。"阻塞"可以在模糊之前收缩内阴影的边界。如图 2-47 所示。"阻塞"与"大小"选项相关联，"大小"值越高，可设置的"阻塞"范围也就越大。

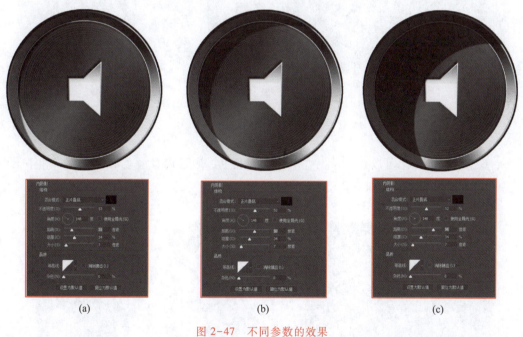

图 2-47　不同参数的效果

4. 内发光

　　"内发光"效果可以沿图层内容的边缘向内创建发光效果。"内发光"效果中除了"源"和"阻塞"外，其他大部分选项都与"外发光"效果相同，如图 2-48 所示。

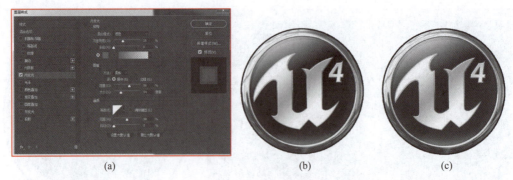

图 2-48　添加内发光的效果

5. 光泽

"光泽"效果可以生成光滑的内部阴影，通常用来创建金属表面的光泽外观。该效果没有特别的选项，但可以通过选择不同的"等高线"来改变光泽的样式，如图 2-49 所示。

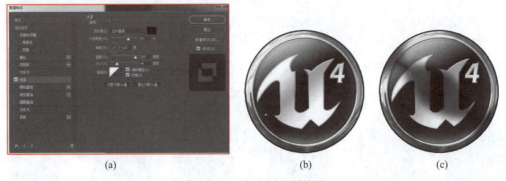

图 2-49　添加光泽后的效果

6. 颜色叠加

"颜色叠加"效果可以在图层上叠加指定的颜色，通过设置颜色的混合模式和不透明度，可以控制叠加效果，如图 2-50 所示。

图 2-50　添加颜色叠加的效果

7. 渐变叠加

"渐变叠加"效果可以在图层上叠加指定的渐变颜色，如图 2-51 所示。

(a)　　　　　　　　　　(b)　　　　　　　　　　(c)

图 2-51　添加渐变叠加的效果

8. 图案叠加

"图案叠加"效果可以在图层上叠加指定的图案，并且可以缩放图案、设置图案的不透明度和混合模式，如图 2-52 所示。

(a)　　　　　　　　　　(b)　　　　　　　　　　(c)

图 2-52　添加图案叠加的效果

9. 外发光

"外发光"效果可以沿图层内容的边缘向外创建发光效果，如图 2-53 所示。

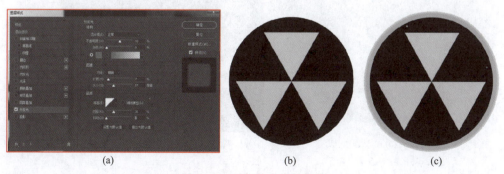

(a)　　　　　　　　　　(b)　　　　　　　　　　(c)

图 2-53　添加外发光的效果

10. 投影

"投影"效果可以为图层内容添加投影，使其产生立体感，如图 2-54 所示。

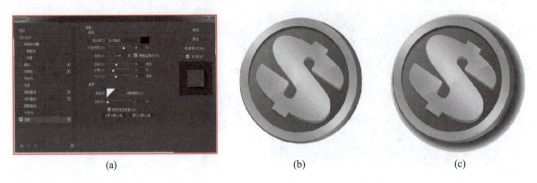

(a)　　　　　　　　　　　　(b)　　　　　　　　　　　　(c)

图 2-54　添加投影的效果

2.5.2　技能准备

1. 编辑图层样式

图层样式是非常灵活的功能，可以随时修改效果的参数、隐藏效果或者删除效果，这些操作都不会对图层中的图像造成任何破坏。

（1）显示与隐藏效果

在"图层"面板中，效果前面的眼睛图标用来控制效果的可见性，如图 2-55 所示。

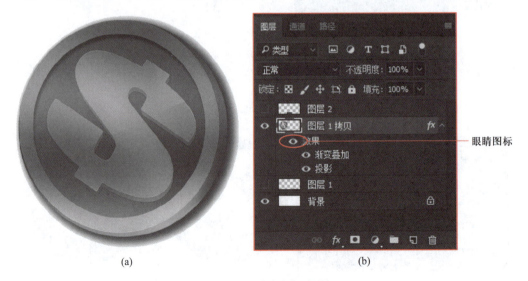

(a)　　　　　　　　　　　　　　　　　　　　(b)

图 2-55　圆圈处为眼睛图标

如果要隐藏一个效果可以单击该效果名称前的眼睛图标，如图 2-56 所示。

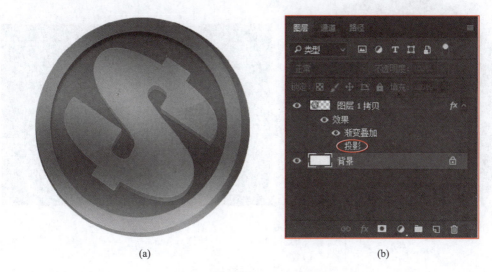

(a)   (b)

图 2-56   圆圈处为投影选项

如果要隐藏一个图层中的所有效果，可以单击该图层"效果"前的眼睛图标，如图
2-57 所示。

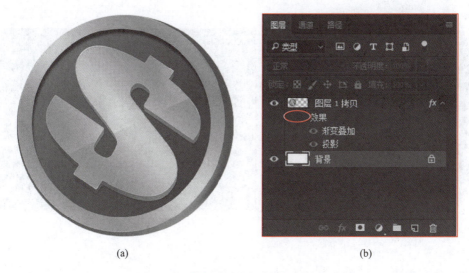

(a)   (b)

图 2-57   单击圆圈处眼睛图标后的显示

（2）修改效果

在"图层"面板中，双击一个效果的名称，可以打开"图层样式"对话框并进入该
效果的设置界面，此时可以修改效果参数，如图 2-58 所示。

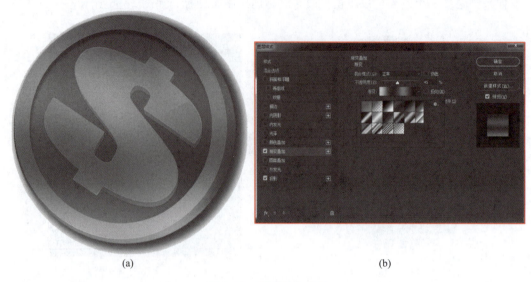

(a)   (b)

图 2-58　渐变叠加效果

　　也可以在左侧列表中选择新的效果，设置完成后，单击"确定"按钮，可将修改后的效果应用于图像，如图 2-59 所示。

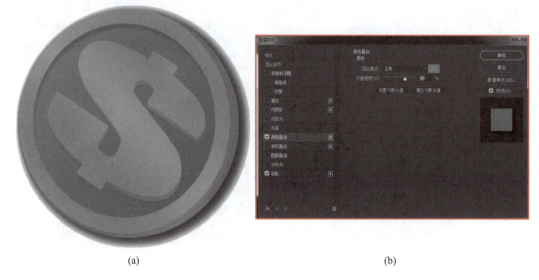

(a)   (b)

图 2-59　颜色叠加效果

（3）复制与粘贴效果

　　选择添加图层样式的图层，选择菜单"图层"→"图层样式"→"拷贝图层样式"命令复制效果，选择其他图层，选择菜单"图层"→"图层样式"→"粘贴图层样式"命令，可以将效果粘贴到所选图层中，如图 2-60 所示。

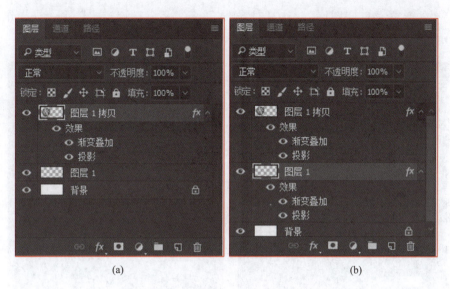

图 2-60   将效果粘贴到所选图层中的界面

按住 Alt 键将效果图标 从一个图层拖动到另一个图层，则可以将该图层的所有效果都复制到目标图层。如果只需要复制一个效果，可以按住 Alt 键拖动该效果的名称至目标图层。如果没有按住 Alt 键，则可以将效果转移到目标图层，原图层不再有效果，如图 2-61 所示。

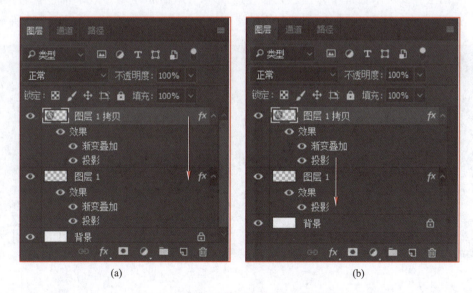

图 2-61   按住 Alt 键和不按住 Alt 键的效果

（4）清除效果

如果要删除一种效果，可以将它拖动到"图层"面板底部的"垃圾桶"按钮上。如果要删除一个图层的所有效果，可以将效果图标 拖动到"垃圾桶"按钮上。也可以选择图层，然后选择菜单"图层"→"图层样式"→"清除图层样式"命令来操作，如图2-62所示。

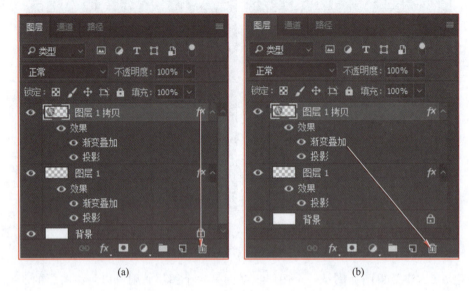

(a)　　　　　　　　　　　　　　　　(b)

图 2-62　将图标拖动到"垃圾桶"图标处

（5）使用全局光

在"图层样式"对话框中，"投影""内阴影""斜面和浮雕"效果都包含"使用全局光"选项框，选中该复选框后，以上效果就会使用相同角度的光源，如图2-63所示。

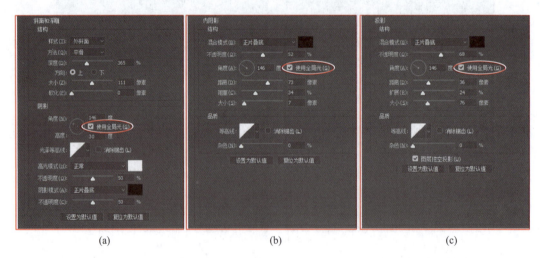

(a)　　　　　　　　　　(b)　　　　　　　　　　(c)

图 2-63　"投影""内阴影""斜面和浮雕"效果中的"使用全局光"复选框

2. 图层蒙版

通俗地说，图层蒙版就是将图层其他部分蒙住隐藏起来，蒙版类似于橡皮擦工具，它可以把图片擦掉，但是比橡皮擦多了一个实用功能，即可以把擦掉的地方还原。图层蒙版比较常用的功能有"抠图"，专门用来修改边界，图片内容等，还有对图片边缘实现淡化效果、调整区域颜色等功能，还可以保护原图层，以使它们不受各种处理操作的影响。

图层蒙版的基本性能如下。

新建一个图层，如图 2-64 所示，将图片拖到文件中。

图 2-64　应用图层蒙版的素材图片

在"图层"面板的底部，可以看到图层蒙版的图标，单击就会在"图层 1"上出现一个白色小矩形，如图 2-65 所示。

图层蒙版的图标

(a)

(b)

图 2-65　单击"图层蒙版"图标

白色代表的是完全隐藏，灰色是半透明，黑色是完全透明。小矩形中上部为黑色、下部为白色，黑色代表透明色，白色代表实色，灰色代表透明色，所以图层显示的效果如图2-66 所示。

(a)　　　　　　　　　　　　　　　(b)

图 2-66　图案显示的效果和小矩形图案中的显示效果

给下面图层加上一层橙色背景进行区别，很明显图层的上面是透明的，而底部没有变化。右边图片显示的是图层蒙版一半黑一半白的效果，如图 2-67 所示。

(a)　　　　　　　　　　　　　　　(b)

图 2-67　加上橙色图层的效果

如果要删除图层蒙版，在蒙版图标上，右击，在弹出的快捷菜单中选择"删除图层蒙版"命令，在弹出的提示对话框中单击"确定"按钮，即可直接删除。这时图层还存在，只删除了图层蒙版，如图 2-68 所示。

在图层蒙版的使用中可以按 X 键快速调换前景色和背景色，让黑、白两种色快速对换，如果有擦错的地方，可以使用白色还原，然后再按 X 键调换为黑色继续擦。图层蒙版大体上说是一个可还原的橡皮擦工具，用黑色擦去，用白色还原。

2.5.3　任务实施

利用本节学到的知识和技能，给图 2-69 配上一种颜色，添加金属质感，并添加材质和阴影，并让图标有外发光的效果。

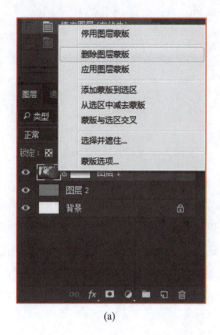
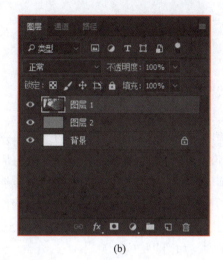

图 2-68 删除图层蒙版

图 2-69 图标素材

评分标准：

① 图标整体的画面效果（30 分）。

② 图标金属质感的表现（20 分）。

③ 图标外发光的和阴影的表现（30 分）。

④ 画面整体色彩的搭配（20 分）。

2.6　小型情景设计与绘制

2.6.1　知识准备

1. 构图的概况

　　构图是绘画艺术中不可或缺的组成部分。在绘画创作中，构图是指设计师对绘画中人物或者物体的关系和位置的处理和排列，是为了更好地表达作品的主题内容和形式美。在设计师创作之前，构图是设计师将自然形象变为艺术形象的一个非常重要的环节，是对包括形、色在内的所有因素的统一规划。构图作为构成作品的重要形式语言，点、线、面、黑、白、灰等要素不仅能表现对绘画视觉语言的探索和审美追求，同时也能传达人们对生活的关注，如图 2-70 所示。

(a)　　　　　　　　　　　　　　　　　　(b)

图 2-70　完美世界《新笑傲江湖》原画的构图

2. 景别的概论

　　景别指由于摄影机与被摄体的距离不同，而造成被摄体在画面中所呈现出的范围大小的区别。有一个非常明显的现象：镜头越接近被摄体，场景越窄，而越远离被摄体，场景越宽。取景的距离直接影响画面的容量。摄入画面景框内的主体形象，无论人物、动物或景物，都可统称为"景"。画面的景别，取决于摄影机与被摄体之间的距离和所用镜头焦距的长短这两个因素。不同景别的画面在人的生理和心理情感中都会产生不同的投影、不同的感受。景别越大，环境因素越多，景别越小，强调因素越多。

　　景别的选择应当和画面实际相结合，服从每幅绘画作品的艺术表现要求，要努力把风格同内容结合起来，使每个镜头都能够统一在完整的叙述中，如图 2-71 所示。

图 2-71　完美世界《新笑傲江湖》的角色站位

2.6.2　技能准备

1. 常用的构图

数字绘画的构图是创作过程中的核心思想，它影响了整体的画面节奏和主题思想。画面位置应该如何安排与布局，是要经过深思熟虑、周密而反复地斟酌出来的，是一幅图的基础，被认为是"画之总要"。但有时，很多不同的画作，会发现，构图虽然没有规则，但也是有规律可循的。以下是常见的一些绘画构图方式，在创作时可以作为参考。

（1）S 型构图

S 型构图画面有一定的律动性，画面可以得到延伸，线条柔软使画面变得优雅委婉，常用于河流、小路、曲径等延伸，如图 2-72 所示。

(a)　　　　　　　　　　　　　　　(b)

图 2-72　S 型构图场景

（2）三分法构图

三分法构图是初学者接触到的最基本的构图方式，就是把画面横直都分为三等分，共划分 9 格，画面出现两直两横的垂直及水平线，其中有 4 个交错点。这个理论要求把主体安排在 4 个交错点上，原因是这 4 个交错点最易吸引目光，而且，画面的垂直及水平主线（明线或暗线）都要安排在 4 条横直线上。由于两横两直线就是中文的"井"字，因此又称为井字构图，如图 2-73 所示。

(a)　　　　　　　　　　　　　　(b)

图 2-73　三分法构图　示例为 Vigil Games 公司《暗黑血统 2》的游戏原画

（3）正三角构图

在画面中以 3 个视觉中心定位三角点，或者点成一面的三角形景物，形成稳定的三角式。正三角具有构图安定、均衡、沉稳、庄严等特点，如图 2-74 所示。

(a)　　　　　　　　　　　　(b)

图 2-74　正三角构图　示例为 SOFTMAX《真名法典》插画

（4）斜三角构图

斜三角构图在正三角的基础上，使画面更加丰富和生动，如图 2-75 所示。

（a）　　　　　　　　　　　　　　（b）

图 2-75　斜三角构图　示例为 SNK《拳皇 95》的游戏插画

（5）紧凑式构图

紧凑式构图呈现局部特写，一般使物体布满整个画面，画面具有紧凑、细腻、微观细节等特点，常用于肖像、特写物体或者细节刻画等。尤其是画面的人物会出现面部传神、令人难忘的感觉，如图 2-76 所示。

（a）　　　　　　　　　　　　　　（b）

图 2-76　紧凑式构图　示例为韩国画师 Kyoung Hwan Kim 绘制的嘉米

（6）对称构图

对称构图给人平衡的感觉，画面结构稳定，相互对应，如图 2-77 所示。

(a)　　　　　　　　　　　　　　　　　　　　(b)

图 2-77　对称构图　示例为游戏《CAPCOM VS 漫威》的游戏插画

（7）中心构图

中心构图的主物体在画面中心，两边几乎相等，且光线几乎和构图一样的中心散发或者聚拢。画面整体中心对称，有尊重、高贵、严肃等感觉，如图 2-78 所示。

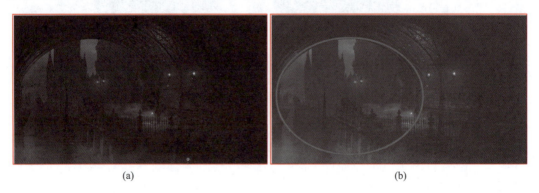

(a)　　　　　　　　　　　　　　　　　　　　(b)

图 2-78　中心构图　示例为 From Software《血源诅咒》的游戏封面

（8）窥视构图

窥视构图又称框式构图，从树丛、门窗或建筑物的缝隙间窥视对面的景色。这种构图有很强的空间感，毫不起眼的风景也瞬间变得生动，如图 2-79 所示。

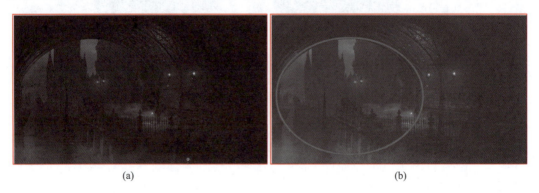

(a)　　　　　　　　　　　　　　　　　　　　(b)

图 2-79　窥视构图　示例为 From Software《血源诅咒》中的场景

2. 景别的类型

景别是通过视觉所产生的，不同的景别会产生不同的艺术效果。在数字绘画中景别一般分为以下几种。

（1）近景

近景表现人物面部表情，腰部以上，眼睛为重心，如图 2-80 所示。

| (a) | (b) | (c) |

图 2-80　近景　示例为韩国画师 Kyoung Hwan Kim 绘制的角色 1

（2）特写

特写表现人物细腻的情感，特定的取景，如图 2-81 所示。

| (a) | (b) | (c) |

图 2-81　特写　示例为韩国画师 Kyoung Hwan Kim 绘制的角色 2

（3）中景

中景表现人物姿态与性格，膝盖以上，手部动作为重心，如图 2-82 所示。

(a) (b) (c)

图 2-82 中景 示例为韩国画师 Kyoung Hwan Kim 绘制的角色 3

（4）远景

远景表现人物和空间关系，烘托气氛，"远取其势"，如图 2-83 所示。

(a) (b)

图 2-83 不同风格的远景表现

2.6.3 任务实施

根据以下文字描述：

一个能够操控重力战斗、少年老成的神秘少女（10 岁～12 岁），身世不明，从衣着和言行举止来看，应该是受过良好的教育且生活条件优越。外面看上去柔弱，但却拥有精明的头脑。图 2-84 为参考素材。

图 2-84　角色素材参考　完美世界梦间集工作室角色原画

绘制一个女性角色在空中的姿态，按照本节所学的内容设计构图方式与景别，位图为 RGB 模式，图片尺寸为 A4 大小，300 像素分辨率，以 JPG 格式（最佳品质）提交。

评分标准：

① 按要求完成作品（30 分）。

② 整体效果符合人物定位和关键词描述（20 分）。

③ 画面构图合理，角色结构准确（30 分）。

④ 绘画表现力强，符合主流审美（20 分）。

本章小结

本章介绍了 Photoshop CC 的基本操作和在游戏美术领域中的一些应用技巧，其中包括快捷键的使用、色彩调整的基本方法、图像调节的基本方法、图层和蒙版的操作。通过介绍游戏美术中构图和景别的概念，再结合第 1 章所学内容，让读者进行小型情景设计的绘制练习，从而达到数字绘画初级的标准。

第3章　数字图像绘制

有了前面游戏美术设计的知识基础以及 PS 数字绘画软件基础，就可以将两者结合来学习实际游戏美术设计中各项工作的知识和技法。下面将介绍游戏美术设计中常用的质感表现，包括金属、布料、皮肤等，介绍游戏角色造型与动态，以掌握角色造型设计的原则和工作目标，掌握人体动态线的绘制技法等，通过学习上述技能后，接下来主要介绍服饰的设计与绘制方法、场景和道具的制作。初学者学完这些知识和技巧后，可以达到非设计类绘制需求的程度，并能完成一些角色、场景和道具方案的基础设计工作。

3.1　常用的质感表现

3.1.1　知识准备

1. 质感的概念

质感又称肌理，由于物体的材料不同，表面的组织、排列、构造也各不相同，因而产生粗糙感、光滑感、软硬感等。人们对质感的感受一般以触觉为基础，但由于人们长期触摸物体已经形成了一种通感现象，以至于不必触摸，便会在视觉上感到质地的不同。在数字绘画作品中，为了通过不同质感表现不同的画面效果，增加视觉表现的丰富性和艺术性，常常应用不同质感的表现形式，在视觉上造成光滑、粗糙的视觉感受。通过 CG 计算机技术来表现质感的实际质地，达到一种以假乱真的效果，如图 3-1 所示。

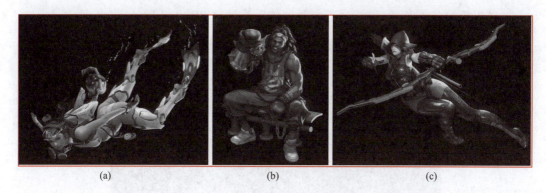

（a）　　　　　　　　　　（b）　　　　　　　　　　（c）

图 3-1　韩国画师 CRAZYRED（Shim jae-woo）绘制的角色 1

2. 质感的装饰性

　　质感的装饰性主要是突出自然的纹理构成，展示自然之美。通过材料的细节表现画面的主题，用绘画的手法将装饰材料中所蕴含的自然肌理淋漓尽致地表现出来，同时配以色彩的表现会产生出丰富的画面效果。质感的装饰功能是设计师根据画面的需要，经过精心设计与加工呈现出来的纹理效果，如图 3-2 所示。

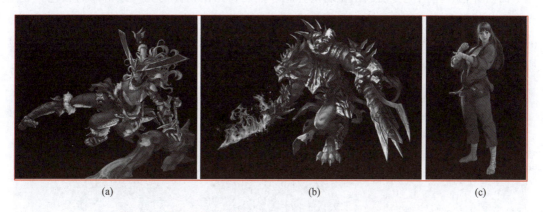

（a）　　　　　　　　　　（b）　　　　　　　　　　（c）

图 3-2　韩国画师 CRAZYRED（Shim jae-woo）绘制的角色 2

3.1.2　技能准备

1. 金属的质感绘制

　　在游戏中，带有金属质感的物体随处可见，在金属质感的绘制上，要注意以下几个特点。

　　① 亮部高光、反光比较强烈，明暗交界线比较重。

　　② 越光滑的金属，在高光、反光、明暗交界处，形状边缘越清晰、锋利。

③ 越粗糙的金属表面，颗粒感、材质的体现越强，如图 3-3 所示。

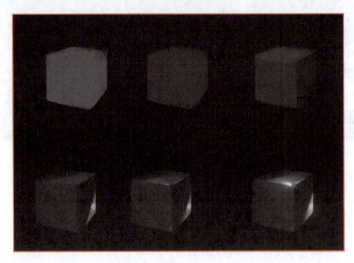

图 3-3 金属质感的表现

绘制金属盔甲，先在 Photoshop 中勾画出盔甲的外形，再为线稿填充一个偏灰、明度适中的固有色，用渐变方法画出微弱的体积，然后再画出物体的亮部跟暗部的颜色。关于亮部和暗部需要注意的是，亮部是指在"叠加"属性的图层上，选明度高、饱和度低一点的颜色，用喷枪或者边缘柔和的笔刷绘制；而暗部是指在"正片叠底"属性的图层上，选明度适中、饱和度偏低的颜色，同样用喷枪绘制，如图 3-4 所示。

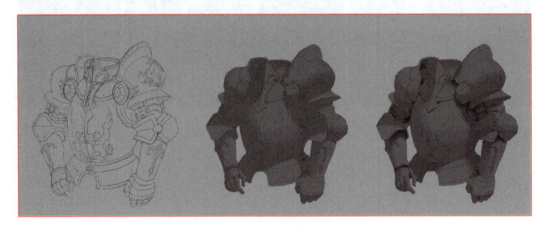

图 3-4 金属质感前期绘制阶段

经常利用吸管工具对画面中需要过渡的颜色进行吸色，再用边缘锋利的笔刷画出基本的表面结构，并明确高光形状，同时也绘制大致的反光形状，然后加强高光，提高亮面纯度。在"颜色减淡"图层上，选明度低、饱和度高的颜色，用喷枪进行绘制。继续刻画细节，并且加强明暗交界线的形状跟颜色，加上盔甲的纹路等小细节，整体调整，再次加强高光，调整反光形状，最终完成作品，如图 3-5 和图 3-6 所示。

图 3-5　画师 Yu Cheng Hong 绘制的中世纪盔甲的金属质感表现

图 3-6　韩国画师 Janme 绘制的饰品金属质感

2. 布料的质感绘制

布料的质感表现要注意观察以下几点，如图 3-7~图 3-9 所示。

① 布料的受力和相应的线条流向。

② 褶皱的形状。

③ 布料的质地，如高光和暗部的形状、折痕颜色的深浅等。

④ 布料的立体感，相应布的厚度和折叠宽度，折叠后整块布形状的变化。

⑤ 各种小细节，如各种小折痕、布料的边缘等。

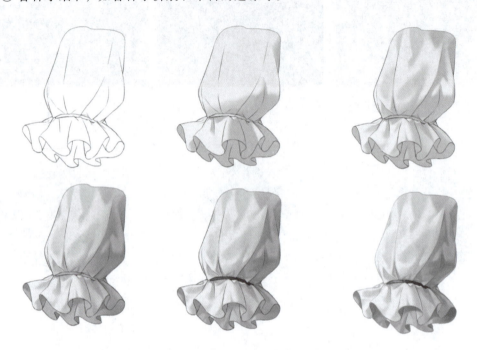

图 3-7   韩国画师 Janme 绘制布料褶皱的质感

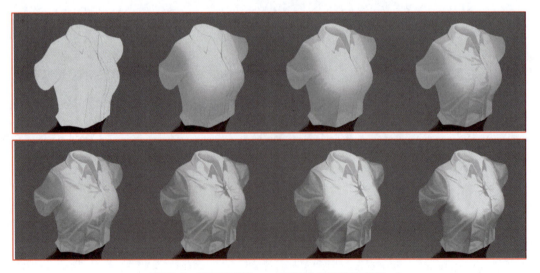

图 3-8   韩国画师 Janme 绘制衬衣质感的表现

图 3-9 韩国画师 Janme 绘制皮衣质感的表现

3. 皮肤的质感绘制

皮肤的画法在游戏类数字绘画中，通常是以赛璐璐的平涂画法和 CG 风格的厚涂画法为主，这两者在皮肤的塑造手法上完全不同，如图 3-10 所示。

　　　　　(a)　　　　　　　　　　　(b)

图 3-10 漆原智志的赛璐璐画法和金亨泰的厚涂画法

皮肤的画法也需要从以下 3 点来切入，如图 3-11~图 3-13 所示。

（1）对象

对象即所画对象的形体，因为没有形状的，看不见摸不着的东西是不能直接画出来的。

（2）皮肤与光的反应

皮肤在光线的照射下，会有光的反应，其中主要是反射光和折射光。反射光被人眼接收才可以看见颜色，这时在环境光和各种反射光的影响下，皮肤就不会是单一的暖色调色彩，暗部和亮部都会出现冷色部分。

（3）光源

光源决定了阴影的形状和走向。原则上是色相偏红，高光偏黄，明度越低，饱和度越高，即暗部的饱和度要高，颜色才显得润。

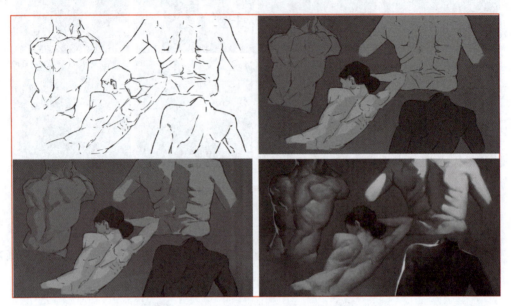

图 3-11   画师 Sinix 绘制的背部皮肤质感

图 3-12   日本画师 Kawacy 绘制的日系造型脸部皮肤质感

图 3-13   脸部皮肤质感的表现

3.1.3　任务实施

根据《封神榜》中描绘二郎神外貌特征的桥段：

唐陆龟蒙记载"有温而愿哲而少者，则曰某郎"，二郎神在世人的形象是温和白皙类的少年神的形象，手持三尖两刃刀和金弓银弹，三只眼是这位神祇较为明显的外观特征之一。二郎神以容姿出众著称于世，自宋至清，皆有赞誉。

设计二郎神的角色造型设计，风格要求写实，体现出角色盔甲、布料和皮肤的质感，要求绘制角色的 45°侧面造型图。尺寸大小为横版 A4 大小，300 像素分辨率，位图为 RGB 模式，以 PNG 格式提交。

评分标准：

① 按要求完成作品（30 分）。

② 整体效果符合命题的特征（20 分）。

③ 角色结构、比例准确（20 分）。

④ 金属、布料、皮肤的质感表现准确（30 分）。

3.2　角色造型与动态

角色造型与动态

PPT

当今市面上游戏的种类很多，但每款游戏中，最先映入眼帘的就是玩家所扮演或操作的角色，可以说游戏角色是游戏视觉部分的核心元素。

3.2.1　知识准备

1. 角色造型设计的原则

近百年来，商业广告、动画、漫画、游戏等产品的快速发展带动了角色造型设计发展为一门独立的专门技术。产业需求令这一技术和行业迅速发展，人们每一天都会伴着许多新鲜的角色生活。"角色设计"作为一种类型的艺术有着自己的发展历史，也拥有自己的创作原则。

（1）合理性

电子游戏人物角色形象必须能够体现其个性，同时随着游戏情节的发展而变化，人物的形象也需要有一些变化，但不能完全改头换面，这种变化要能够体现出人物的成长。另外当前很多电子游戏都是从小说、漫画或武侠影视剧改编而来，因此这类游戏在角色设定上还要考虑历史人文因素，在人物的服装、形象及性格刻画方面不能让玩家产生违和感，如图 3-14 所示。

图 3-14　加拿大画师 Hugo Richard 绘制的角色 1

（2）创新性

电子游戏人物设定需要创新性，现在市场上流行的几款游戏在角色设定上总给人以雷同的感觉，人物在外观、形象、技能等方面没有较高的辨识度，这就要求设计人员发挥创新思维，改变传统刻板的模式。鲜亮的人物角色会给玩家耳目一新的感受，吸引更多的玩家，如图 3-15 所示。

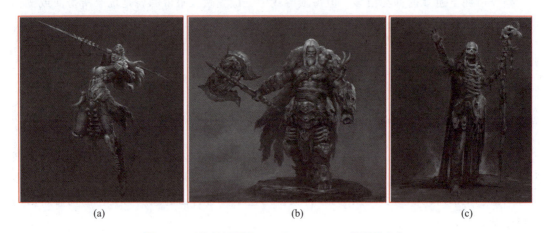

图 3-15　新西兰画师 Russell Dongjun Lu 绘制的角色

2. 角色设计的工作目标

角色造型设计的工作目标是将角色视觉化、具象化。动漫游戏类的造型是众多艺术造型方式中的一种，是指综合运用变形、夸张、拟人等艺术手法将动漫游戏中的角色设计成可视形象。其目的是要对每一个动漫游戏角色赋予感染力与生命力，其设计都是由造型设计师完成。这些作为主体的、不断运动、表演的角色是主角，统领着整部作品的风格。其形象设计的成功与否，直接影响着作品的生命力与魅力，如图3-16所示。

图 3-16　加拿大画师 Hugo Richard 绘制的角色 2

3. 角色设计的题材来源

每款游戏角色都由角色原画设计师来设计，所谓设计，不是随意想象地绘制，在设计前，需要进行素材的搜集和整理，不同的项目有不同的设计风格。设计角色大体有以下两种情况。

（1）设计师由游戏故事来定义角色造型

设计师通过了解游戏故事的背景、人物性格、建筑特点等，做深入地研究和整理，并且查阅大量的资料，对角色风格有深入的了解，再通过所整理的材料，进行草图绘制，不断地加工和修改，最终得到和游戏故事背景相符合的游戏角色，如图3-17所示。

（2）通过电影或者小说的形式改编成游戏

通常情况下，原来的作品有着广泛的影响力和大量的粉丝，游戏设计师根据故事的情节进行角色设计，在原角色的基础上做一定的修改。改编的游戏故事情节会和原著有一定的差别，但是故事的精神和角色风格仍然保持原作品的特点，设计师要深入地理解原作品的精髓，才能在角色设计时起到画龙点睛的作用，如图3-18所示。

图 3-17 索尼公司《战神 4》角色设计

图 3-18 根据小说《笑傲江湖》改编的经典游戏《笑傲江湖》的角色设计

4. 动态线

人体上肢线、脊柱中线、骨盆重心和下肢线对动态的视觉平衡造成最大的影响，如果动态线条的组织不符合动态规律，不吻合透视变化，不论后续的构图、光影和质感绘制如何优秀，失去了正确的动态线条基准，都将是南辕北辙的徒劳。

人体基于关节活动的姿态千变万化，通过速写可以提高绘画基本功，用动态线条进行快速设计，短时间内捕捉动态趋势，并为往后的修改和调整提供参照，这套人体动态设计流程相对比较成熟，在效率和效果两方面都能很好地适应动画角色设计工作的快节奏，如图 3-19 所示。

图 3-19　角色的动态线

3.2.2　技能准备

1. 游戏角色设计的风格

　　游戏就像电视和电影一样，都有主角和配角。玩家要想体验游戏的全过程，需要控制一个角色来实现。由于每部游戏时代背景、地域文化、民族风格的不同，游戏角色的风格存在很大的差异，大体上可以分为以下几种。

　　（1）日式风格

　　日本是动漫大国，游戏的发展同样离不开动漫风格的影响，很多游戏角色本身也就是动画角色，角色外表唯美，男主角帅气英俊，女主角可爱漂亮，加上夸张的手法运用，创造出的角色非常符合东方人的审美趣味，如图 3-20 所示。

　　（2）欧美写实风格

　　欧美游戏受西方神话等诸多因素的影响，游戏角色一般都是以写实风格的角色和科幻角色居多，造型设计上多为严谨的素描和油画写实效果，强调绘画的基本功和对于结构完美的追求，线条和色彩上非常协调。英雄角色大多身强力壮，肌肉体块感较强。写实风格吸引了大批注重真实性和历史感较强的游戏玩家，在欧美文化的熏陶下，游戏主要角色同电影和电视剧的主角一样，表现出强烈的英雄主义色彩，体现出自由浪漫的气息，善恶分明，正义永远会战胜邪恶，最终都走向美好的结局，如图 3-21 所示。

图 3-20 南梦宫工作室《传说》系列角色造型设计

图 3-21 美国画师 Dave Greco 绘制的角色

（3）欧美写意风格

欧美写意风格，也称之为夸张风格，角色造型以夸张、变形为其主要特点。目的是使画中人物或者动物的特征更加鲜明、典型且具有感情，并有着加强叙事和传情的效果，如图 3-22 所示。

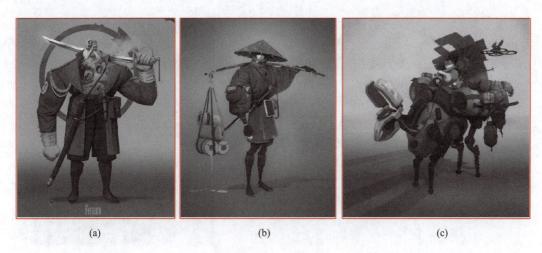

(a)　　　　　　　　　　　　(b)　　　　　　　　　　　　(c)

图 3-22　美国画师 Aleksandr Nikonov 绘制的角色

（4）韩式华丽唯美风

韩国游戏风格在角色造型上综合了东方人完美的气质和特点，把人物五官造型、衣服配饰都表现到极致。男性有高大帅的特点，女性则是白靓美，身材苗条丰满，对于人体结构把握非常到位，完美的同时不会让人觉得不自然，如图 3-23 所示。

图 3-23　韩式唯美风的游戏角色

（5）中国武侠风

提到"武侠"，就会想起金庸古龙的武侠小说，大部分青少年成长过程中都会有一点武侠梦、江湖情，富有东方色彩的武侠文化是最受国产游戏追捧的题材之一。在游戏角色设计中，侠客具有俊秀的外貌、潇洒的装扮、高超过人的武艺，女性角色则是温柔、端庄，如图 3-24 所示。

(a)
(b)

图 3-24 中国武侠风的游戏角色 完美世界《诛仙 3》

2. 绘制一个女性角色的造型设计

首先利用数位板在 Photoshop 软件中，根据游戏策划所提供的角色外貌特征、个性等描述，用简单的线条勾勒出大致的角色造型和动态，要保证人体结构的准确和动态的优美，调整完成后可以在结构造型上添加细节，画出角色的五官、发型、服饰和武器，确定线稿造型，如图 3-25 所示。

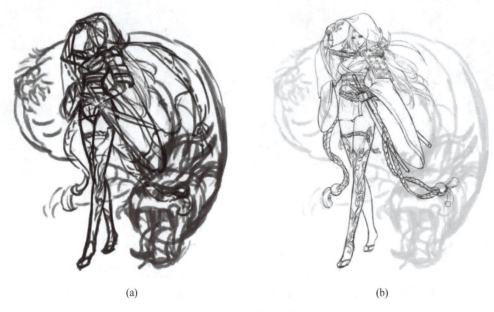

(a)   (b)

图 3-25 线稿绘制

因为是游戏角色，所以在细节造型上要呈现出华丽的感觉，在服饰上设计成日式盔甲与现代风相结合，以此来表现角色的华丽英姿。首先用纯色调给角色铺上大致颜色，以确定整体的配色方案，再逐步刻画衣服、盔甲和武器的细节，如图 3-26 所示。

(a)   (b)

图 3-26　铺上颜色

对于五官的刻画，先在线稿图层上新建一个图层，用硬度较高的画笔绘制出五官的具体细节。先铺上一层颜色，确定造型结构和光影，随着结构走势运笔，多用"吸管工具"吸取画面中的颜色，概括地塑造脸部结构和过渡基调。用 Photoshop 软件自带笔刷继续绘制出眼睛上的眼睑、鼻梁骨以及颧骨和下巴的结构体积，要注意面部骨点的关系。眼睛点上高光，对面部进行锐化处理，让五官更精致，如图 3-27 所示。

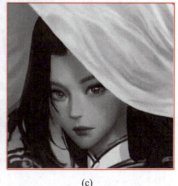

(a)   (b)   (c)

图 3-27　面部刻画

细化背景"龙"的细节，先打底色，一层一层提亮，龙的鳞片可以设置成笔刷效果，快速地分布全身，如图 3-28 所示。

(a)　　　　　　　　　　　(b)　　　　　　　　　　　(c)

图 3-28　细节深入

完善服装和盔甲的花纹细节，加上一些装饰物作为点缀，再次经过反复的颜色调整（所谓调整，就是修饰和修改画面，力求完美的过程），最终完成作品，如图 3-29 所示。

图 3-29　韩国画师 Muel Kim 绘制的角色设计

3. 绘制一个战士造型设计

在 Photoshop 软件中的背景层上建立一个新图层，调节适当的笔刷大小，将笔刷透明度设置为 70%，在新建图层上进行剪影快速造型，注意角色的整体结构比例。再逐步提升细节，给角色加上盔甲，如图 3-30 所示。

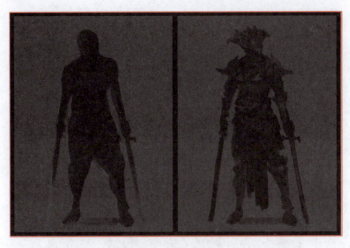

图 3-30　画出结构的黑影

不断调整和塑造角色的轮廓和灰度体积，体现出盔甲的层次和图案细节，表达角色装备的不同质感。最后经过一系列的调整，完成作品，如图 3-31 和图 3-32 所示。

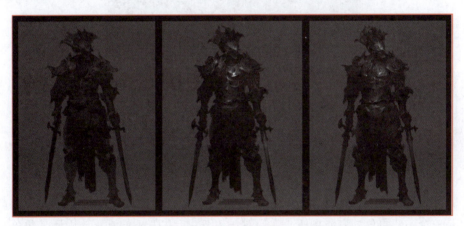

图 3-31　将细节提亮

3.2.3　任务实施

设计具有未来科技的角色造型设计，要求角色的造型有未来的科技感，角色正面全身 45°站姿上色图。位图为 RGB 模式，图片尺寸为 A4 大小横版，300 像素分辨率，以 JPG 格式（最佳品质）提交。

评分标准：

　　① 按要求完成作品（30 分）。

　　② 整体效果符合命题的特征（20 分）。

　　③ 作品呈现与效果。角色动态、结构准确（30 分）。

　　④ 作品创意与设计。作品原创性、设计原理应用（20 分）。

图 3-32 俄罗斯画师 Marat Ars 绘制的角色

3.3 服饰设计

一款游戏受欢迎与否，在于其游戏角色创建的成功与否。玩家参与游戏时的故事剧情，只是一个游戏角色的表演场所，人们对一款游戏产生好感的真正原因还是角色。

游戏角色，由角色的面部造型、身体造型和服饰造型三大部分组成。服饰造型在游戏角色设计中对角色的辨识度起着重要的作用。服饰造型，可以定位角色的年龄、职业、性格、品味、地位等多种要素。

3.3.1 知识准备

1. 服饰设计的类型

（1）战争服饰

游戏角色的战争服装大致分为骑士装、战士装、射手装等。战阵服饰的配饰多为冷兵器刀和剑，以及防御兵器盾。在游戏中，人物造型普遍为头戴钢盔、身穿铠甲、手持兵器,如图 3-33 所示。

图 3-33　育碧公司《荣耀战魂》中的服饰设计

（2）奇幻服饰

奇幻服饰不拘泥于一种固定风格,奇幻类型的游戏服饰造型在游戏中被大量应用,是游戏服饰届的领航服饰类型。奇幻服饰饱受追捧的原因在于其内在的精神赋予,未来主义风格的科技色彩让这类服饰具有独特的辨识度。金属、塑料或其他高科技研究支撑的材料作为奇幻服装的面料,出现在以未来空间为主的背景中,融合不同时空,将过去和未来融合在一起,如图 3-34 所示。

图 3-34　索尼公司《地平线—零之曙光》的服饰设计

（3）现代服饰

现代服饰是游戏中最常见的服饰类型。现代服饰常出现的游戏类型多为休闲类,竞技类游戏中也有涉及。根据游戏角色的游戏需要,舞蹈类型游戏的现代服饰种类繁多,细分为礼服、休闲服、个性服饰等,如图 3-35 所示。

2. 服饰设计的主题

（1）自然主题服饰

自然主题的服饰设计,是人类在生活中与自然相处所积累的设计元素。这类服饰以自然界本物为原型,利用现代服饰审美添加植物图案、飞鸟沉鱼造型或岩石纹路等进行设计,如图 3-36 所示。

图 3-35　P-Studio《女神异闻录 5》角色的服饰设计

图 3-36　拳头游戏《英雄联盟》角色的服饰设计

（2）民族主题服饰

不同民族的多样服饰文化让人们体会到博大精深的民族艺术性和文化传达，为游戏角色服饰的设计储备了大量的元素和主题。具有民族特色的服饰，是民族特殊纹样的汇聚和整合，装束习惯和服装样式的差异是不同民族区分的明显标志，如图 3-37 所示。

图 3-37　世嘉公司《樱花大战》中的服饰设计

（3）地域特征主题服饰

由于精神文化和自然地质的区分，人类居住的土地上形成了绚丽多彩的地域表象。这种异域的差异，是催生区域新鲜特色的膨化剂。众多游戏中不乏以地域为特色进行的设计，游戏场景从北极地带到欧洲田园，从赤道沙漠到蒙古草原，应有尽有体现着地域带来的多元选择。在游戏中，场景的变化需要人物服饰的相应搭配，因此，地域主题的多样素材可以为服饰的设计提供广阔的思路启发，如图 3-38 所示。

图 3-38　育碧公司《荣耀战魂》中不同地域性的服饰

（4）时代特征主题服饰

时代是反应服饰变化的时间轴，设计者通过对时代特色服饰的研究进行元素融合，从而达到游戏剧情的需要。历经人类社会变迁，种类繁多的时代主题给服装设计提供了丰富的参考选择。游戏常见的时代主题服饰中，有罗马帝国时期的贵族拖地长袍，有古希腊的直筒缠身裙式长衫搭配斗篷外衣，有文艺复兴时期的紧身衣搭配裙撑，有巴洛克特色的褶皱衬裙，有路易十四时期的绅士礼服等。这些具有时代标注的服饰，为游戏服饰设计提供了大量的参考素材，为游戏角色服饰的多样性提供了条件，如图 3-39 所示。

图 3-39　From Software《血源诅咒》和育碧公司《刺客信条》中的角色

3.3.2　技能准备

1. 服饰设计的材料分析

服饰的材料搭配是将角色实现立体化、真实化的必要手段。不同材质和纹路的服饰材料，都能传递给人们一种暗示与直观的感受。

相同的角色服装，运用不同材质面料进行组合，就会形成一种新视觉感受。具有特殊质地的服装面料，可以在游戏中唤醒玩家对现实生活面料材质的感受，形成对角色的某种定义。

（1）服装材料的特殊性

游戏角色的服饰与影视作品中的服饰有很多神似之处，如颜色的搭配和造型的处理，都是围绕角色需要和艺术美感来进行设计，但在功能实用上，材质的局限性是影视作品中服饰的一个缺陷，反之则是游戏角色服饰不需顾虑太多材质选择的优势。游戏角色中的服饰材料，可以充分发挥想象力进行设计，即使添加上重型金属盔甲，也毫无影响，更多注重艺术效果的表现，所以不需要考虑过多现实中存在的材质成分问题，如图 3-40 所示。

图 3-40　完美世界《新笑傲江湖》中的服饰设计

（2）服装材料的视觉效果

游戏是一种视听综合的艺术，振奋人心的音效固然有趣，但玩家喜欢一个游戏的真正原因很大程度依赖于视觉感官，是对于游戏角色服饰穿着材料的判断、揣测和联想。玩家玩游戏时，虽然不能直接触及角色服饰的面料材质，但视觉感官和生活经验可以让玩家感知面料的表现特性，通过绘画可以表达服饰材质的软硬粗重感或是光滑轻薄感类的触觉感受。玩家透过这种视觉感知，体会游戏角色的气质和内在个性。而这些表达，正是游戏服装材料需要重点强调和设计的，如图 3-41 所示。

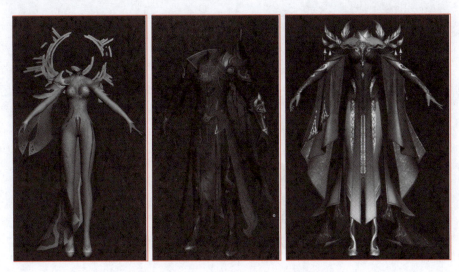

图 3-41 《完美世界国际》的服饰设计

2. 用数位板绘制穿运动服女孩

先在 Photoshop 软件中创建一张 A4 大小的空白页，用画笔工具勾勒出大致的角色动态。可以先画出几个不同的方案，然后选择一个最满意的人物形态，新建图层，对草图进行细节刻画，完成线稿。线稿确定后给角色平铺一层颜色，以此确定整体的配色方案，并确立光源，细致地刻画人物的头发、五官和服饰的细节，如图 3-42 所示。

(a)　　　　　　　(b)　　　　　　　(c)　　　　　　　(d)

图 3-42 运动服女孩的绘制步骤

再次深入细化，在绘制过程中查找是否出现结构或者透视的问题，在皮肤和服饰的质感上要表达清晰，可以通过笔触的涂抹，表现出物体特有的质感。再用硬笔刷绘制人物的受光面和暗面，让整个画面对比强烈。在收尾阶段，细化人物造型，最后完成作品，如图 3-43 所示。

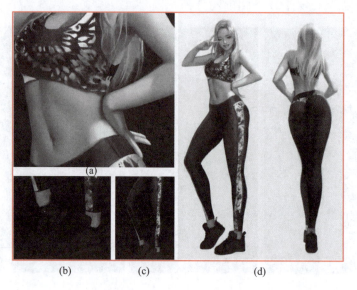

图 3-43 韩国画师 Arang Kim 绘制的角色 1

3. 现代服饰的绘制

首先利用手绘板在 Photoshop 软件中，根据游戏策划所提供的服饰特征，用简单的线条勾勒出大致的角色造型和动态，要保证人体结构的准确和动态的优美。细致地画出角色的五官、发型和服饰，细化线稿，确定造型结构和光源后，给画面平铺一层底色，然后着重绘制衬衣、紧身裙和毛绒帽子的质感，要随着衣服纹理结构走势运笔，多用"吸管工具"吸取画面中的颜色，概括地塑造衣服整体结构和过渡基调，如图 3-44 所示。

(a)　　　　　　(b)　　　　　　(c)　　　　　　(d)

图 3-44 现代服饰的绘制步骤

　　在毛绒质感的刻画上，要由虚到实，用属性偏软的笔铺底，用硬笔挑细受光面，再利用涂抹工具，选一只带有颗粒状的笔刷，刷外轮廓，将暗部的面往外润化，即可绘制出逼真的毛绒质感。最后完善服饰的花纹细节，描上一些边缘线作为点缀，再次经过反复的颜色调整，完成作品，如图 3-45 所示。

图 3-45　韩国画师 Arang Kim 绘制的角色 2

3.3.3　任务实施

　　根据《三国演义》中描绘诸葛亮外貌特征的内容：身长八尺，面如冠玉，头戴纶巾，身披鹤氅，身似神仙，貌比宋玉，飘飘然有神仙之概。

　　对于诸葛亮的角色造型设计，风格要求写实，要求绘制角色的正侧面，并体现出角色服饰的材质，附上设计说明。尺寸大小为横版 A4 大小，300 像素分辨率，位图为 RGB 模式，以 JPG 格式提交。

评分标准：

　　① 按要求完成作品（30 分）。

　　② 整体效果符合命题的特征（20 分）。

　　③ 角色结构、比例准确（30 分）。

　　④ 衣服不同材质的质感的表现（20 分）。

3.4　场景与道具制作

3.4.1　知识准备

1. 场景设计

游戏场景设计是指除了角色造型以及 UI 以外的一切物体的造型设计。场景设计是游戏的重要组成部分，游戏的场景不仅要具有很强的艺术性，也需要与角色、游戏界面相呼应。好的场景设计能够强化游戏的主题色彩，它能给游戏带来更高的艺术性。游戏场景设计的功能是多方面的，而最重要的就是游戏场景的互动性。场景的设计与游戏角色的造型是不可分割的，不仅要刻画场景，还要从游戏角色的性格出发，确定场景的时代背景，以便与游戏角色更好地融合，形成鲜明的场景个性特征。

（1）场景构图的合理性

一款游戏中的场景部分是最为庞大而且变化丰富的，但是游戏是有统一的风格、色系、环境的，所以无论场景如何变化，它的基本元素是不变的。例如，在沙漠环境下的城市不能有潮湿生锈的铁器，不是战争破坏的东西就不能有战争遗留的痕迹等。也就是说，在制作一款游戏之前，首先要确定这款游戏的风格，然后要理解游戏当中的文化背景，自然环境等信息，如图 3-46 所示。

图 3-46　顽皮狗《神秘海域 4》的场景概念设计

当确定了一切信息因素，才能考虑场景构图的合理性。在游戏中，场景设计的构图是为了关卡而存在的。不同场景表现的是不同的关卡特征，如平原、森林、沙漠、火山等，这些场景都是为了突出关卡的特色。显示风景虽然美丽，但是它与游戏中的场景还有很大的区别。场景的布局是为了衬托游戏机制而设计的，如河边的石坝、森林深处的洞穴、沙漠中的绿洲都是为了让玩家冒险而设计的。创作具有丰富趣味性和挑战性的障碍有利于增添游戏的可玩性，而不同的环境关卡则具有鲜明的代表意义。在设计关卡时，应注意场景与玩家的交互性，有利于玩家的场景要设计的相对友好，而处于敌对的环境关卡则要偏向于敌方。这种设计场景方式能增添多样化的元素，有利于不同场景的区分，增加游戏的可玩性，如图 3-47 所示。

图 3-47　索尼公司《战神 4》的场景设计

运用构图的原则：在游戏画面内玩家可以轻易地看到一切场景元素。当构建完大的场景设计时，细节因素更有利于烘托主题气氛。场景中的细节往往是不容忽视的，在探险解密类游戏中，细节才是决定成败的关键。为了更好地突出细节，往往将其与背景相组合，如在硝烟弥漫的战场废墟中树立的旗帜在大型背景衬托下尤为突出。这种对比方式能将游戏策划者的思路传达给玩家，人的视觉是带有导航功能的，突出的游戏背景道具能够引导玩家将视线停留在固定的区域。运用各种构图和道具来引导玩家达到最终的目的地，才是游戏场景设计的最终目标，如图 3-48 所示。

图 3-48　索尼公司《地平线—零之曙光》的场景概念设计

除了细节之外，游戏中的颜色、光照、位置方向都能引导玩家进行游戏。作为场景的重要组成部分，颜色的作用也非常重要。颜色决定整个游戏场景的基调：暖色的场景代表着友善，而深色偏冷的场景则意味着危险。利用不同颜色来对不同场景进行区分，可以丰富游戏的内容，如图 3-49 所示。

(a)　　　　　　　　　　　　　　　　　　(b)

图 3-49　两种色调的场景，表现不同的游戏气氛　索尼公司《地平线—零之曙光》

无论场景设计得多么精美，如果不与游戏主题角色相统一，那么这个场景无疑是失败的。不与游戏风格相统一的场景设计容易使玩家感到困惑，而统一的场景则会呈现出一个便于玩家理解的世界。在进行场景设计的同时需要多观察现实世界，所有美术设计师大脑中的世界得以实现都是以现实世界为前提的。场景设计为了模拟现实，实现符合自然规律的游戏背景，而不是伪造现实，使游戏与现实完全脱离。

（2）不同环境下的场景设计

不同环境下的场景光线是不同的，光明与阴暗表面的对比可以塑造场景的基调和深度。人们常用对比手法来表现场景的构成元素，如果在地面中整体背景都是偏暗的，那么光亮则会指引玩家前进。不同的对比能表现出同一场景的不同环境，同一场景的白天与夜晚所运用的色彩对比也不相同。白天的场景整体颜色鲜艳，由于受环境光的影响，物体之间存在明显的差别。夜晚色调则比较统一，物体颜色之间的差距并不明显，但是同一色系的物体不能过于相近，这样容易导致场景内容模糊不清，无法让玩家识别，如图 3-50 所示。

(a)　　　　　　　　　　　　　　　　　　(b)

图 3-50　同一个场景表现白天与黑夜

通常来说，游戏背景中的物体大小要有所变化，单一的形状容易让玩家感到乏味。美术设计师可以通过改变物体的比例来吸引玩家的注意，例如，模拟类游戏中的建筑物大小完全不同，有大型的购物商场，也有小型的居民住宅，这样不仅体现出物体的多样性还能够丰富背景，不让玩家感到单调。在一般场景中，巨大化的物体总是比较抢眼，在设计背景道具时可以适当地增加物体体积，按照一般玩家的思维模式，占据更大空间的物体更容易受到关注，如图 3-51 所示。

图 3-51　CAPCOM《蓝精灵村庄》

游戏的场景设计是一种艺术表现形式，也是游戏世界观的设计，不管是二维或者三维的游戏，都可以使用视觉的艺术表现形式与现实世界相区分。游戏场景设计要给人以真实感，这种真实不一定是人们所谓的现实生活中的真实，而是设计师营造出来的真实。这种真实感来源于现实，但比现实生活更加有趣。对于场景气氛的营造，通过对真实感的建立和适当的夸张取舍，就构成了游戏的世界观，而这种世界观也就决定了作品的成败，如图 3-52 所示。

图 3-52　优秀的科幻类游戏的场景设计

2. 游戏道具设计

在游戏中能够与玩家形成互动的物品，通常称其为游戏道具。首先，游戏道具能够体现游戏人物的场景特征，如经典的 RPG 游戏，游戏中的每个人物形象都拿着符合自己身份的道具，如战士拿着巨剑，魔法师拿着法杖等，玩家能从角色道具的使用，轻易地分辨出角色属性，如图 3-53 所示。其次，好的道具设计可以提高游戏的收益。如今市面上出现的很多免费的手机游戏和 PC 网络游戏，单靠下载量已经无法满足游戏团队的收入，只有玩家不断地投入资金购买游戏道具才能维持游戏的开发。传统的 RPG 游戏中为角色设计了大量的游戏道具，其目的就是为了吸引玩家投入资金，所以说游戏的收益与道具设计也是具有一定的关系的。

图 3-53 《新笑傲江湖》中角色使用的道具

（1）道具设计的统一性

在设计道具的过程中，要保证道具与游戏整体风格一致。游戏道具的分类很多，当游戏团队在进行道具设计时，首先要考虑的就是道具与游戏是否能够统一。如果游戏为写实风格，那么道具也要按照写实风格来进行设计。道具与游戏风格的不统一容易使玩家产生错乱感。除了游戏风格，还要考虑道具跟游戏角色是否匹配，精致的道具设计能够增添人物角色的魅力。道具也具有自己的性格特征，如主角所用的武器一定要体现人物的正义色彩，而反派角色则可以通过阴暗的风格来表现。符合角色形象的道具能够深化角色的个性，所以在设计道具时要体现其独特的风格。在如今的环境下，由于制作游戏工作量较大，道具的设计往往不是一个人能够完成的任务，这也是需要游戏团队的美术人员相互配合，达到画面风格统一，如图 3-54 所示。

（2）绘制道具需要注意的因素

在美术设计师绘制游戏道具时，首先需要注意对道具外形的概括，有着鲜明外形特征的道具具有较高的识别度，玩家在看到这类道具时，能够第一时间了解其道具的属性。设计师在设计道具时要对道具的外形进行高度的概括，要突出外形的结构特征，增加玩家对

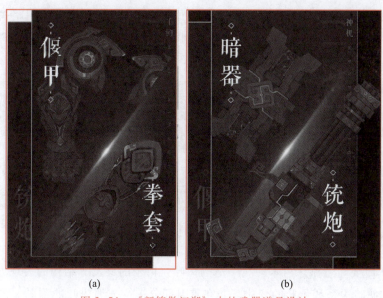

(a)   (b)

图 3-54 《新笑傲江湖》中的武器道具设计

道具的辨识度。除了概括道具外形以外，还要对道具的设计进行适当的夸张变形。过于写实的道具设计虽然刻画细腻，但是适当夸张的道具造型更能吸引玩家的眼球。作为美术设计最基本的特征之一，夸张有利于突出道具的特点，如图 3-55 所示。

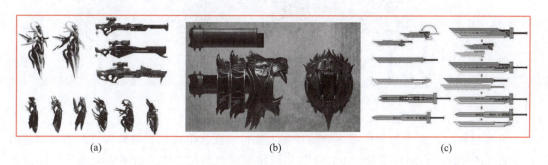

(a)   (b)   (c)

图 3-55 武器设计

　　收集大量的素材有利于道具设计的创新，将不同的物种应用于道具当中，可以突破传统道具设计的束缚，带来新的效果。道具设计依托于整部游戏的美术风格，而且道具设计也与角色设计、场景设计密不可分。要做到将其相互联系、相互统一，使道具设计完美地融入游戏当中，不能将其孤立开来。

3.4.2 技能准备

1. 树木的画法

　　① 树木有远、中、近之分，根据树木的远近在绘制时要注意外形上的区别，一般远处

的树木应融为一体，色彩变化很小，对比弱，色彩偏灰，只要画出大的明暗关系和色彩的变化即可。中景树要画出单棵树木的种类、大小、形状、色彩变化。近处的树木一般只看到树的局部，要画出枝干、叶子的细节，如图 3-56 所示。

(a)　　　　　　　　　　　　　　(b)

图 3-56　不同层次树木的表现

　　② 画树木时要注意抓住树木一丛一丛的树叶、树干的穿叉等结构的表现方法。在此基础上画出大的明暗关系和色彩的变化，并在重点部分进行细部树叶的刻画。画树叶时要注意表现各种树叶的区别、长势，根据树木的长势表现出它们的穿插、树叶的光影投射、青苔等的颜色变化，如图 3-57 所示。

图 3-57　一棵小树的基本画法

　　③ 画树枝时，细小的树枝在明暗的处理上要特别注意单纯化。勾勒树枝形体，树枝间不要平行或对称。在画树干时，把树干想象成略带弯曲的长方体，对于方向和形状间位置及关系的确立，将会很有帮助；接着再把它处理成多面体的形状，重点放在树干各个面的明暗、弯曲的方向等，就可以轻松捕捉到树木的特性，如图 3-58 所示。

(a)　　　　　　　　　　　　　　(b)

图 3-58　树枝和树干的表现

④绘制树叶：植物的叶子争先朝向太阳光，互相交错形成一簇簇的叶子，需要先确认叶子的基本形状，再展开其多样的变化，如图3-59所示。

图3-59 树叶的表现方法

2. 天空、云的表现

①一般来说，白天的天空通常都是偏蓝色，色彩较纯净，远处接近地面的地方色彩浅而灰。阴天呈冷灰色。绘制天空离不开云，云的形状主要有团状和流线状两种，团状通常在中午出现，流线状通常出现在清晨和傍晚。天上的云彩变幻不定、形象万千，尤其是在早晨和傍晚时分，颜色更为丰富。云看上去有厚、有薄。有的形状如起伏的山峦，有的淡如缥缈的轻纱，它们的边缘常常比较柔和，没有明确的分界，如图3-60所示。

(a)　　　　　　　　　　　　　　　　(b)

图3-60 东宝国际《你的名字》中不同天空和云朵的表现

②绘制天空时要注意纵深感、深远感，表现出天空（画面）上下（即远近）颜色的变化。利用颜色明度、纯度和冷暖的不同，来表现出天空的远近变化。还要抓住云的形状特点，近处的云可以比远处的大些，如图3-61所示。

3. 山、石头的表现

①山从外形上可分为悬崖峭壁、群山连绵、丘陵土坡等。画山时要注意山的远近距离

(a)   (b)

图 3-61   天空和云朵的层次表现

的变化，由于空气透视原因，较远的山颜色朦胧、清淡，受天空颜色影响明显，光影对比较弱，形体不明显，除了大轮廓外看不到具体的细节，没有体积感，最远的山可以当成一个平面来处理。较近的山颜色浓重、对比强烈、形体结构明显，细节刻画较多。还应注意到山形个体的结构、特点、机理、质感和颜色。最近的山要注意刻画具体的石头，画石头至少 3 个面的变化，可以参考中国山水画中的各种用笔抓住石头的结构脉络。画山时要注意整体的黑白灰处理，如图 3-62 所示。

(a)   (b)   (c)

图 3-62   不同山石的表现

② 石头的表现方法，如图 3-63 所示。

图 3-63   石头的表现方法

4. 小型场景绘制步骤—守夜人

首先，可以通过大笔刷快速地将场景主体构件进行素描空间塑造，注重大体构图布局、光源设置、构件关系以及体块表现。随着画面效果的不断深入，场景中的人物、建筑、植被等构件细节，以及相互空间关系经过尝试和调整，逐步接近最佳的品质。通过在素描灰阶上，以正片叠底方式建立新图层，调配色表盘中各种颜色对画面进行着色处理，正片叠底会产生图层之间的明度叠加效果，直接导致画面暗部过黑而失去层次，可以适当采用将素描底层暗部区域色阶亮度进行提高的方法，避免色彩层绘制过程中使画面过暗，如图 3-64 所示。

图 3-64　小型场景绘画步骤

色彩赋予画面之后，可以把彩色层和素描层合并为色彩画面。对于局部曝光过度、暗部死角等不太理想的色彩效果，可借助工具栏中提亮、加深工具进行针对性的微调，随后反复进行调试，调整整体画面的色调，让其更加和谐，最终完成作品，如图 3-65 所示。

图 3-65　守夜人场景

3.4.3 任务实施

根据文字描述：

在一群盗贼生活的森林中，支起了一个帐篷，里面摆着酒桶，还有篝火。在帐篷外侧摆放着盗取来的宝箱和美酒。在远处有洞穴和小溪。

设计并绘制这个森林的场景，要体现出盗贼窝点的特征，位图为 RGB 模式，图片尺寸为 A4 大小横版，300 像素分辨率，以 JPG 格式（最佳品质）提交。

评分标准：

① 按要求完成作品（30 分）。

② 整体效果符合命题的特征（20 分）。

③ 作品呈现与效果。场景透视准确（30 分）。

④ 作品创意与设计。作品原创性、设计原理应用（20 分）。

3.5   数字绘画基础综合实训

数字绘画基础综合实训

PPT

3.5.1 知识准备

1. 数字绘画概述

数字绘画因其独有的创作特征也被称为无纸或者数码绘画，是利用计算机绘画软件操作进行创作的一种绘画形式。它凭借较低的成本以及独特的艺术效果在短时间内就被业界人士广泛采纳。如今，数字绘画已经到了一个新的发展阶段，"用计算机绘画"的说法已经成为过去式，CG 才是它现代化的名字。从广义上说，它是一种"数字化图形图像艺术"，即不仅停留于计算机设备中，而是活跃在各个平台，利用于各大媒体和服装设计中。其大量运用于游戏制作中，整个游戏制作过程都能看到数字绘画的影子，前期的美术制作、封面宣传、概念定义都需要数字绘画的参与。

2. 数字绘画的特点与优势

与传统绘画相比，数字绘画最为显著的特点就是脱离了纸张、画笔、颜料等器材，只需一台配置相当的计算机、一套数字绘画输入设备以及支持手绘的绘图软件即可完成作品的创作任务。可以看出，数字绘画对于绘图工具的要求大幅下降，相对于沉重的传统绘画工具，计算机平板电脑与手绘板的携带也更加方便。

正是由于具备以上特点，数字绘画拥有了绘制快速、修改方便、操作简单、批量复制、便捷保存等诸多优势，而且由于无须购买纸张、颜料等消耗品，更有利于绘画成本的控制和节约。与此同时，数字绘画与不同画种间均可建立直接、单独的联系，这一点在凡事追求效率的今天尤为重要。数字绘画使传统绘画耗时颇多的缺陷得到了最大程度的消除，即便是绘制过程中出现错误，也可以通过简单的操作予以修正，不必像传统绘画那样重新绘制，工作效率也因此较传统绘画有了跨越式的提升，如图 3-66 所示。

　　　(a)　　　　　　　　　　　(b)　　　　　　　　　　　(c)

图 3-66　完美世界《神雕侠侣 2》中的角色

3. 游戏概念设计的基本流程

在概念设计中，将抽象概念转化为具体视觉效果，期间所花费的时间越短越好。它适用于所有涉及概念设计的行业，但对于游戏行业的快节奏开发流程，速度尤为重要。

（1）规划和概念化

第一步是明确图像的使用目的和图像需要实现的目标。在游戏中，该图像可能是潜在玩家第一眼看到的效果。因此它代表着游戏的基调和类型，从而吸引对这类游戏感兴趣的玩家。基调和类型可以通过颜色、框架/构图、主题和风格来确立。本质上来说就是通过图像来讲述故事，这就是游戏概念设定的目的所在。确定图像的使用目的后，可以开始收集一些参考资料。

在绘制草图之前，收集强大的参考资料库非常有用，可帮助游戏团队中的不同成员之间建立理解，可以用作注意事项指南，节省大量时间和精力。从同类游戏中收集参考资料可以帮助拓宽游戏创意的视野，或者避免出现已经完成或完成过多的视觉效果。在开始绘制之前，关于游戏基调、风格和内容的资料越详细，游戏团队成员之间的重复工作就越少，如图 3-67 所示。

（2）构图和缩略图

当确定初步的创意、目标和参考资料之后，接下来就是绘制缩略草图。在选择图像定稿方向之前，对于一张重要的插图（如封面）会包含数十张缩略图和粗略图，这时真正有用的只有少数几张，因为基本方向是事先已经确定的。整体画面大概表现出物体的外形、人物与场景所在的位置、大概的光影效果等，如图 3-68 所示。

图 3-67   Konami《寂静岭》中的概念设计

图 3-68   先绘制出大概的黑白光影效果

（3）详细的插图

该流程的最后一部分是为图片增加所需的细节。有些概念图可以是粗略的草图或速写画，但作为插图来说，必须对图片进行润色。接下来是增色，让所有的主要元素更富有层次。Photoshop 包含多种为灰度图像着色的方法。在图像中使用的工具包括渐变贴图、色彩和覆盖层。渐变贴图特别适合在区域的阴影部分施加不饱和的冷色调色彩，而在高亮部分施加更鲜艳明亮的色彩。若使用粗略图初始着色后需要继续增加细节和进行绘制，而使用渐变贴图可以在一开始节约大量时间和精力。

在确定色彩之后，就需要细化所有的细节。在绘制过程中，可以直接运用一些真实的材质照片纹理来贴图，既可以用作覆盖层，也可以用作基础层。然后在上面进行一些色彩调整和绘制。最后完成整个概念设计的创作，如图 3-69 所示。

图 3-69   Atey Ghailan 绘制的概念设计

3.5.2 技能准备

1. 色彩模式

色彩模式决定了颜色如何根据色彩模式中的色版数目进行组合。如图 3-70 所示，不同的色彩模式会产生不同等级的颜色细部和档案大小，见表 3-1。例如，全彩印刷手册中的影像会使用 CMYK 色彩模式，而网页或电子邮件中的影像则使用 RGB 色彩模式，借此减少档案大小，同时保持色彩不失真。

图 3-70　不同色彩模式下颜色的区别（位图示例略）

表 3-1　色 彩 模 式

项目	项目描述
RGB 颜色	最常用的色彩模式，代表红、绿、蓝三原色，特点是图像文件小，色彩丰富且饱满
CMYK 颜色	主要用于印刷，可以通过控制青色、洋红、黄、黑这 4 种颜色的油墨在纸张上的叠加印刷来产生各种色彩，特点是文件大，占用磁盘空间大
Lab 颜色	Photoshop 在不同颜色模式之间转换时使用的中间颜色模式
灰度	每个像素都有 8 像素，都是介于黑色与白色之间灰度中的一种。灰度图像中只有灰度颜色而没有彩色
位图	用来表示最简单的黑白图，即每个像素占用 1 像素，非黑即白。尽管图像中只包含黑色和白色，但透过像素的疏密排列，仍可将图像组合成近似视觉上的灰度图

续表

项目	项目描述
索引颜色	采用 256 种典型的颜色作为颜色表，转换过程会存在失真，很可能会在原本平滑的图像边缘出现边缘效应
多通道	该模式下的每个通道都为 256 级灰度通道。如果删除了 RGB、CMYK、Lab 模式中的某个通道图像，则将自动转换为多通道模式

2. 用图形处理的方式绘制游戏气氛图

对于画面品质要求较高的游戏概念设计，依靠单一的数字绘画软件功能，要达到优秀的品质需要花费较长的时间，可借助三维软件制作一些简单的几何体，迅速搭建出建筑构件的空间，3D 软件的光照系统还能为场景设置灯光，产生准确的阴影效果，如图 3-71 所示。

图 3-71　用 3D 软件搭建出一个大概的光影效果场景

从 3D 设计软件中输出三维渲染位图作为绘景的参照，利用各种照片级素材作为细化画面的来源，逐个匹配到模型对应的立面上，通过变换工具保持素材与模型的透视变形一致，背景部分可以选用废弃大楼的素材进行对应位置的替换，路面也可以置换为破旧公路的素材，设置路面素材图层为强光模式，这样可以保留三维渲染位图原有的光照阴影明暗关系，获得一个具有通用性效果的基础画面，如图 3-72 所示。

图 3-72　加入不同的图片素材

素材内容并不是都能很好地适配渲染图模型的各个位置和角度，需要不断地尝试不同的照片素材，此外，脏旧效果属于通用性画面基础上的特征层，需要借助新建图层慢慢添加，如路面的破损和青苔、角落的植被等，通过控制特征层，设计师可以随时修改或替换脏旧形式，而并不会破坏通用性画面，如图 3-73 所示。

图 3-73 细节深入刻画

图像的真实性依赖各种照片级素材的运用，难免会造成画面的拼凑感和零散感，通过"图像—调整"菜单下的各项命令，对整个画面的明度层次、色彩对比、细节主次进行适当调整，强化场景中远近空间关系，驱使所有素材不过于跳跃，很好地融入画面服务于整体效果，如图 3-74 所示。

图 3-74 Maciej Kuciara 绘制的概念设计

3.5.3 任务实施

根据《三国演义》第 11 回对马超的描述：

"少年将军，面如冠玉，眼若流星，虎体猿臂，彪腹狼腰；手执长枪，坐骑骏马，从阵中飞出"。

设计马超的游戏角色造型，风格要求写实，要求绘制角色的三视图，并绘制 3 套可供换装的服饰设计图、角色的武器分解图，还要绘制一张马超骑马战斗的概念设计。

评分标准：

  ① 按要求完成作品（30 分）。

  ② 整体效果符合命题的特征（20 分）。

  ③ 作品呈现与效果。角色结构、动态、比例准确（30 分）。

  ④ 作品创意与设计。作品原创性、设计原理应用（20 分）。

本章小结

  在前两章节讲解的游戏美术基础和图像软件操作的基础上，本章着重介绍了游戏美术的数字图像绘制，包括常用的质感表现、角色的造型与动态、服饰设计、场景道具设计。通过讲解数字绘画的色彩模式和用图形处理的方式绘制游戏气氛图，使读者更加深入地学习数字绘画。

第2部分　二维游戏设计基础

第4章　游戏UI设计基本规范

游戏 UI 设计从狭义上来说，是指在以计算机为运行平台的电子游戏中，与游戏用户具有交互功能的视觉元素的规划和设计活动。游戏 UI 设计包括游戏画面中的按钮、文字、窗口、图标、各级面板等与游戏用户直接或间接接触的游戏设计元素。

游戏开发团队一般包含策划、美术、程序等不同岗位的从业人员，而游戏 UI 设计属于游戏开发流程的中后期，由游戏美术完成图形设计后，再交付到程序设计手中进行开发制作。因此，要求游戏 UI 设计必须遵循一些基本的规范，如 UI 出图格式、文件命名、文件尺寸、切图输出、圆角设置等。

4.1　游戏 UI 出图格式规范

游戏 UI 出图格式规范
PPT

游戏 UI 出图的不同格式对应于游戏开发中的不同需求。游戏 UI 出图的常用格式包括 PSD、JPG、PNG、EPS 等，下面将对这几种常见格式以及与之相对应用规范做详细描述。

4.1.1　知识准备

微课
游戏 UI 设计学科
介绍

1. 位图与矢量图

位图又称为点阵图，是一个个很小的颜色小方块组合在一起的图片。一个小方块代表 1px（像素）。手机屏幕和电脑屏幕也都是由很多个像素方块组成的，现在最普及的主流电脑显示器的分辨率是 1920px×1080px，也就是有 1920×1080 个小方块。在 Photoshop（PS）中把图片放大 1600 倍后，就可以看到一个个的像素点。类似马赛克的效果，如图 4-1 所示。常见的位图设计软件有 Photoshop（PS）、Lightroom（LR）等；常见的位图图片格式有 JPG、PNG、BMP 等。

图 4-1　位图放大效果

　　矢量图是由一个个点链接在一起组成的，是根据几何特性来绘制的图像，与位图的分辨率是没有关系的。因此将图片放大后也不会失真，不会出现位图的马赛克的样子，也就是说可以无限放大图片。图 4-2 是用 Illustrator（AI）软件中放大 6400 倍的矢量图，依然很清晰。常见的矢量图设计软件有 Corel DRAW（CDR）、Illustrator（AI）等。矢量图适用于文字设计、图案设计、标志设计、版式设计、包装设计、工业设计和产品设计等。

图 4-2　矢量图放大效果

2. 位图常用格式

（1）PSD 格式

PSD（Photoshop Document）是 Adobe 公司的图像处理软件 Photoshop 的专用格式，PSD 文件的扩展名为 PSD。PSD 文件是一种图形文件格式，使用看图软件如 ACDSee 或图形处理软件 Photoshop 等都可以打开，如图 4-3 和图 4-4 所示。

图 4-3　ACDSee 软件图标　　　　　　　图 4-4　Photoshop 软件图标

这种格式可以存储 Photoshop 中所有的图层、通道、参考线、注解和颜色模式等信息。由于 PSD 格式所包含的图像数据信息较多，因此比其他格式的图像文件要大得多。

PSD 文件一般由游戏界面设计师保管，由于游戏界面高保真模型需要程序经过不断的测试，才能促使游戏界面设计师设计出更加合理优化的设计。因此保留及整理 PSD 文件，方便后续对游戏界面进行修改及迭代，是一项非常重要的工作。

（2）JPEG 格式

JPEG 是常见的一种图像格式，JPEG 文件的扩展名为 JPG 或 JPEG，如图 4-5 所示。它用有损压缩方式去除冗余的图像和彩色数据，在获得极高压缩率的同时展现丰富生动的图像。JPEG 可以让图像生成很小的文件，且不支持透明通道。

（3）PNG 格式

PNG（Portable Network Graphics）是一种无损压缩的便携式网络图形，PNG 文件的扩展名为 PNG，如图 4-6 所示。PNG 是网络通信中常用的图片格式，它不但体积小，还利用特殊的编码方法标记重复出现的数据，因而对图像的颜色没有影响，也不会产生颜色的损失，这样就可以重复保存而不降低图像质量。PNG 图像在浏览器上采用流式浏览，能够

图 4-5　JPG 图片格式缩略图标　　　　　图 4-6　PNG 图片格式缩略图标

获得更优化的网络传输显示，并且 PNG 图像支持透明效果，同时还支持真彩和灰度级图像的 Alpha 通道透明度。

（4）JPEG 与 PNG 的区别

JPEG 可以使图像生成更小的文件，这是由于 JPEG 采用了一种针对照片图像的特定有损编码方法，这种编码适用于低对比、图像颜色过渡平滑、噪声多，且结构不规则的情况。如果在这种情况下使用 PNG 代替 JPEG，文件尺寸会增大很多，且图像质量的提高有限。相应地，如果保存文本，线条或类似的边缘清晰，有大块相同颜色区域的图像，PNG 格式的压缩效果就要比 JPEG 好很多，并且不会出现 JPEG 那样的高对比度区域的图像有损，如图 4-7 所示。

(a)   (b)

图 4-7   设计师 Mike 的设计作品   色彩区域边缘清晰图像 VS 色彩过渡平滑图像

由于 JPEG 是有损压缩，会产生迭代有损，在重复压缩和解码的过程中会不断丢失信息而使图像质量下降。由于 PNG 是无损的，保存将要被编辑的图像来说更加合适。

JPEG 不支持透明度，PNG 支持透明效果和透明通道。

3. 矢量图常用格式

（1）AI 格式

AI 格式是 Adobe 公司发布的，它是矢量软件 Illustrator 的专用格式，其优点是占用硬盘空间小，打开速度快，方便格式转换。

（2）EPS 格式

EPS（Encapsulated PostScript）是跨平台的标准格式，扩展名在 PC 平台上是 EPS，在 Mac 平台上是 EPSF，主要用于矢量图像和光栅图像的存储。

EPS 文件是桌面印刷系统普遍使用的通用交换格式当中的一种综合格式，是人们处理图像工作中的最重要的格式。它在 Mac 和 PC 环境下的图形和版面设计中广泛使用，用于 PostScript 输出设备的打印。几乎每个绘画程序及大多数页面布局程序都允许保存 EPS 文档。

　　EPS 格式是 Illustrator 和 Photoshop 两个不同软件之间可交换的文件格式，但是，由于 EPS 格式在保存过程中图像体积过大，因此，如果仅仅是保存图像，建议不要使用 EPS 格式。

4. CMYK 与 RGB 图像色彩模式

　　CMYK 色彩模式是一种应用相减原理的色彩系统。CMYK 色彩模式包括青色（Cyan）、品红色（Magenta）、黄色（Yellow）和黑色（Black），为了避免黑色的缩写与蓝色混淆，使用 K 表示。彩色打印、印刷等应用领域采用打印墨水、彩色涂料的反射光来显现颜色，是一种减色色彩模式，如图 4-8 所示。

　　RGB 色彩模式又称三原色光模式（RGB color model），是一种加色色彩模式，将红色（Red）、绿色（Green）、蓝色（Blue）三原色的色光以不同的比例相加，以产生多种多样的色光。三原色光显示主要用于电视和计算机的显示器，一个颜色的描述是由 3 个数值控制的，分别为 R、G、B。当 3 个数值最大时，显示为白色，当 3 个数值最小时，显示为黑色，如图 4-9 所示。计算机游戏 UI 设计中的所有的图像都采用 RGB 色彩模式。

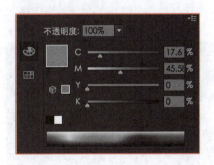

图 4-8　AI 软件中 CMYK 颜色调板　　　　　图 4-9　AI 软件中 RGB 颜色调板

4.1.2　技能准备

　　理解并掌握 PSD、PNG、JPG 格式等特点，以及在游戏 UI 中的使用规范。游戏 UI 设计由游戏开发团队中的游戏美术设计制作完成，不管是在第一代游戏中游戏 UI 设计图的测试与修改，还是后续的游戏迭代与更新，都需要游戏 UI 设计师保留带图层、通道、参考线、注解和颜色模式等信息的原始文件，方便后续的调整修改。游戏 UI 依据游戏开发的不同风格要求，一般由 Photoshop 和 Illustrator 两种设计软件制作完成，游戏 UI 出图的原始文件一般由游戏开发团队中的美术制作人员保管。

　　由于 JPEG 图像压缩可以生成更小的文件，这种输出格式通常用于游戏 UI 设计预览效果图和展示效果图，也因为 JPEG 图像的有损压缩模式带来的图像质量下降的问题，以及 JPEG 格式不能保存透明度信息，游戏 UI 设计最终输出交付给程序设计的图像是 PNG 图像格式。游戏完整界面资源如图 4-10 所示。

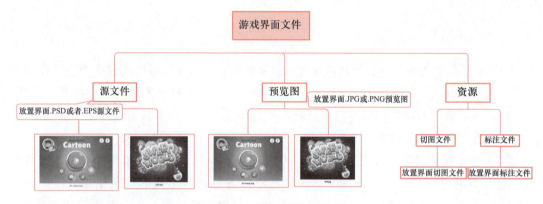

图 4-10　游戏完整界面资源

4.1.3　任务实施

　　打开 PSD 文件，如图 4-11 和图 4-12 所示，将其存储为 JPEG 格式和 PNG 格式。

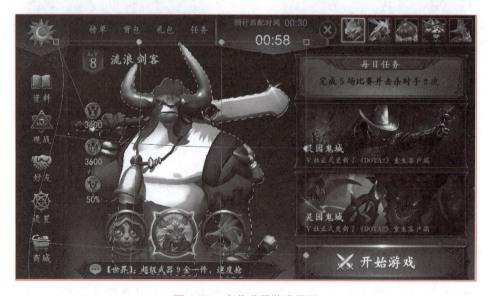

图 4-11　完美世界游戏界面

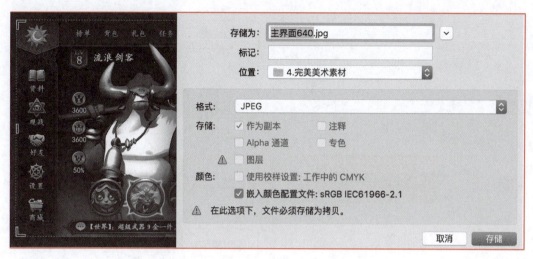

图 4-12　Photoshop JPEG 格式存储界面

4.2　游戏 UI 命名文件规范

游戏 UI 命名文
件规范

PPT

对游戏 UI 文件进行规范命名，是游戏 UI 设计师的重要工作之一。从开始在软件中设计内容时，就要对图层、图层文件夹、画布进行命名，到对接开发的时候，还要对切图进行命名，再到管理游戏的版本，项目文件目录，命名技巧都是不容忽视的团队协作技能。

尤其在今天，越来越多的互联网团队开始使用云服务同步项目文件，如百度网盘、360 云盘、坚果云等，这使得项目文件命名要为所有团队成员所理解，文件命名的重要性越发凸显。以下是游戏 UI 命名文件的规范和要点。

游戏 UI 命名文件规范，是通过命名这个步骤，加快检索的效率。游戏 UI 命名规范并不是一成不变的，需要根据具体项目找到最合适的命名方法。在一个开发团队中，开发成员可能会使用不同的电脑操作系统，而如果使用公共网盘，那么不同网盘对排序的细节要求也是有一定的区别的，需要经过测试再做决定。

4.2.1　知识准备

1. 文件层级

在项目开始时，要先进行规划，会出现哪些类型的文件，做出层级的划分。例如，在设计游戏 UI 项目 V1.0 中，项目文件夹包含的文件有低保真原型、设计参考、配图素材、文案素材、界面设计、动画展示、标注文件、切图文件等，将它们分门别类，就可以得到一个树状图，如图 4-13 所示。

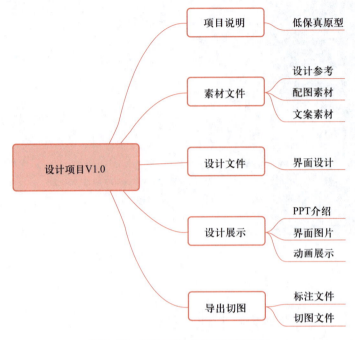

图 4-13　设计项目文件预览树状图

在名称为 V1.0 文件夹下方创建各级子文件夹，之后将对应的文件置入到指定层级文件夹中，完成初步的文件整理。

2. 文件夹命名

在一个文件中文件夹目录过多的情况下，一般会使用数字作为同一个目录文件夹排序的方式，因为数字可以营造秩序感。电脑默认排序方式"按名称"会自动根据数字递增，那么文件的序列就能保持不变，即使后面增加一个新的文件夹（如"6.其他文件"），也不会影响到前面文件夹的次序，如图 4-14 所示。

3. 画布命名

在文件夹内的文件，是否同样需要进行有效的序列，要根据文件的具体属性来确定。如素材图，有没有特意命名不太重要，因为它们没有记忆和反复提取的必要，保存下来只是备份即可。

而对于界面展示图，意义就不一样了。界面展示图数量会很多，如果没有任何命名和排序模式，那么使用和查找一个指定的页面的工作量会非常大。

该如何进行有效命名，就要从设计界面时的目标开始：一般分为两种情景，一种是比较大的工程，涉及非常多的界面和模块；另一种是以完整业务流程为准的设计项目，那么它们的排序上就会有一定的差异，大致如下：

模块_子模块_类型_状态；

设置模块_个人资料_头像裁切；

启动模块_注册_验证码填写_验证失败；

流程名_流程步骤页_状态；

发布流程_内容填写_照片编辑；

购买流程_提交付款_成功；

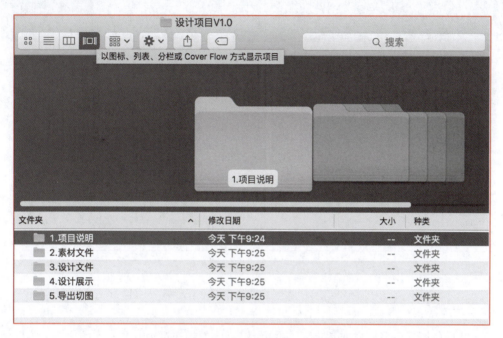

图 4-14　项目文件夹命名预览图

　　基本的文件命名，都会根据层级从上到下通过下画线分割。之所以需要这样的层级划分，是因为可以用来命名页面的词汇是有限的，如果一个应用中出现了很多都要称呼为设置的下级页面，那么最好要清楚它的从属关系，是哪个页面跳转进来的。

　　导出的界面图片命名，实际上就是画布的命名，以 Photoshop 为例，在设计还未导出的阶段就要进行正确的命名。

　　将整个游戏 UI 界面按照顺序排列，在画布的命名上，除了前面提到的下画线层级以外，数字的排序依旧是要使用的。因为当导出了大量的页面以后，查看的习惯就是放大一张一张向后切换，而这个向后切换的过程是需要有明确排序的，UI 页面文件命名预览图示例如图 4-15 所示。

　　产品、设计、前后端程序员都需要不定时查看源文件，画布命名的规则之所以要有严谨的逻辑，就是为了在任何情况下，用户都可以快速定位到源文件，对它们进行说明或者修改。

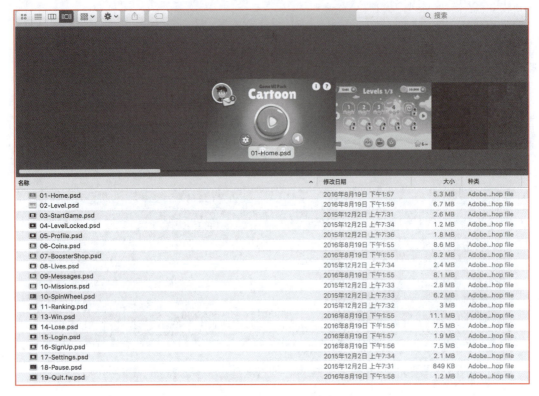

名称	修改日期	大小	种类
01-Home.psd	2016年8月19日 下午1:57	5.3 MB	Adobe...hop file
02-Level.psd	2016年8月19日 下午1:59	6.7 MB	Adobe...hop file
03-StartGame.psd	2015年12月2日 上午7:31	2.6 MB	Adobe...hop file
04-LevelLocked.psd	2015年12月2日 上午7:34	1.2 MB	Adobe...hop file
05-Profile.psd	2015年12月2日 上午7:36	1.8 MB	Adobe...hop file
06-Coins.psd	2016年8月19日 下午1:55	8.6 MB	Adobe...hop file
07-BoosterShop.psd	2016年8月19日 下午1:55	8.2 MB	Adobe...hop file
08-Lives.psd	2015年12月2日 上午7:34	2.4 MB	Adobe...hop file
09-Messages.psd	2016年8月19日 下午1:55	8.1 MB	Adobe...hop file
10-Missions.psd	2015年12月2日 上午7:33	2.8 MB	Adobe...hop file
10-SpinWheel.psd	2015年12月2日 上午7:33	6.2 MB	Adobe...hop file
11-Ranking.psd	2015年12月2日 上午7:32	3 MB	Adobe...hop file
13-Win.psd	2016年8月19日 下午1:55	11.1 MB	Adobe...hop file
14-Lose.psd	2016年8月19日 下午1:56	7.5 MB	Adobe...hop file
15-Login.psd	2016年8月19日 下午1:57	1.9 MB	Adobe...hop file
16-SignUp.psd	2016年8月19日 下午1:56	7.5 MB	Adobe...hop file
17-Settings.psd	2015年12月2日 上午7:34	2.1 MB	Adobe...hop file
18-Pause.psd	2015年12月2日 上午7:31	849 KB	Adobe...hop file
19-Quit.fw.psd	2016年8月19日 下午1:58	1.2 MB	Adobe...hop file

图 4-15　UI 页面文件命名预览图

4. 图层命名

给 PS 中的图层命名同样非常重要，原因是与 PS 的操作逻辑有非常大的关系，难以使用鼠标直接在画布中选中指定的内容。如图 4-16 所示的这种比较常见的 PS 界面文件。

这种 UI 文件起码有几百个图层组合而成，选中和调整 PS 图层内容都要直接从图层列表中查找。这种情况下如果不把图层命名清楚，到后面每做一个改动都会非常艰难，包括删除无效图层、修改前后关系、对某个部分的所有图层进行调色处理等操作。

一个 UI 项目的页面和零碎的元素是非常多的，也不需要细致到每个图层都命名，基于这样的性质，在 PS 文件图层命名中，只建议读者做出适当的命名操作。

（1）要能在画板根目录上，编组所有层级最高的模块/组件，命名这部分的内容。下级中

图 4-16　设计师 Mike 的游戏 UI 设计作品

相对重要的模块文件夹，也可以适当增加命名。

（2）尽可能地将类似图标、LOGO 这些必然要导出的图形，制作成文件夹，并做好清晰的命名，如图 4-17 所示。

图 4-17　游戏 UI 设计中 PSD 文件图层命名

（3）在 PS 中如果将一个完整的组件做成了文件夹，那么要对其中文字图层的命名做出清晰的排序和命名，这样才能正常更改其中的内容，如图 4-18 所示。

图 4-18　游戏 UI 设计中 PSD 文件文字图层命名

图层命名应该尽量简洁，因为图层可以显示的字符比文件夹列表模式可以显示的少得多，对于命名太长的源文件，图层名经常显示不全，这样的命名没有意义。

4.2.2　技能准备

掌握游戏的 UI 输出图标命名规范。

一套游戏 UI 导出的图标，多的有几百个，少的也有二三十个，如果没有任何命名和排序模式，看起来会非常累，查找一个指定的图标也非常累。

那么该如何做出有效命名，就显得非常重要。以下是游戏 UI 图标输出的一个案例，以类型_功能_名称的方式命名，清晰易懂，如图 4-19 所示。

图 4-19　游戏 UI 设计中物品图标文件命名

以下角色图标直接以类型_名称的方式命名，清晰易懂，如图 4-20 所示。

图 4-20　游戏 UI 设计中角色图标文件命名

4.3　游戏 UI 出图尺寸规范

4.3.1　知识准备

　　游戏界面多种多样，不同游戏界面的出图尺寸规范也不相同，表 4-1～表 4-3 将对手机 UI 界面的出图尺寸规范、平板 UI 界面的出图尺寸规范以及网页 UI 界面的出图尺寸规范进行详细的介绍，使读者们对不同游戏界面的出图尺寸规范具有更深入的了解。

表 4-1　常用的手机 UI 界面的出图尺寸规范

手机系统	分辨率
iOS	640 像素×960 像素
Android	480 像素×800 像素

表 4-2　常用的平板 UI 界面的出图尺寸规范

平板电脑	分辨率
iPad Pro 9.7 英寸和 iPad mini 4	2048 像素×1536 像素
iPad Pro	2732 像素×2048 像素

表 4-3　常用的网页 UI 界面的出图尺寸规范

电脑屏幕	分辨率
最小尺寸	800 像素×600 像素
最大尺寸	1920 像素×1080 像素

4.3.2　技能准备

1. PNG 带透明通道图片输出

带透明通道的 PNG 格式图片，在输出时需要注意输出其最大图像范围。

2. 图片文件输出规范

界面中的图片文件需要转换为界面所需的分辨率输出。

3. 圆角按钮输出 PNG 格式

在输出圆角按钮的时候，只需要输出按钮的最大直线边缘即可，如图 4-21 所示。

图 4-21　游戏 UI 开始按钮

4.3.3　任务实施

1. 发光按钮输出 PNG 格式

在某些界面文件中，按钮的状态不同，如图 4-22 所示，输出发光状态按钮的时候，需要输出按钮发光的最大边缘，如图 4-23 所示。

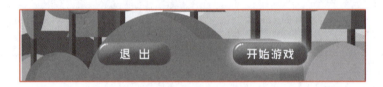

图 4-22　游戏 UI 开始界面截图

图 4-23　发光按钮 PNG 格式输出尺寸

2. 一个按钮的两种不同状态下的输出设置

输出按钮在同一个位置的不同状态，需要输出相同的按钮尺寸，如图 4-24 所示。两个文件的尺寸都是 620 像素×285 像素。

图 4-24　按钮的两种状态 PNG 格式输出尺寸

本章小结

　　本章讲解了游戏 UI 设计的基本规范，包括游戏 UI 出图格式规范、游戏 UI 命名文件规范、游戏 UI 出图尺寸规范 3 个部分。作为二维游戏设计基础的 UI 设计章节，涵盖了位图与矢量图的区别、位图常用格式、矢量图常用格式、CMYK 与 RGB 色彩模式、文件层级命名、文件夹命名、画布命名、图层命名和各种平台的 UI 输出尺寸规范等知识点，以及与以上知识点相对应的相关技能点，是 UI 设计岗位的必备入门知识和必须掌握的入门技能。

第5章 游戏UI设计软件使用

一个游戏 UI 设计师入门至少要具备两点：第一，要了解游戏 UI 设计的基础规范；第二，能熟练使用设计软件。以下介绍游戏 UI 设计常用的软件 Photoshop 和 Illustrator，后面将详细讲解使用方法。

1. Photoshop

Photoshop 俗称 PS，是 Adobe 公司推出的一款功能十分强大、使用范围广泛的平面图像处理软件。目前，Photoshop 是众多平面设计师进行平面设计、图形图像处理的首选软件。Photoshop 软件进入界面如图 5-1 所示，其操作界面如图 5-2 所示。

图 5-1　Photoshop 软件进入界面

2. Illustrator

Illustrator 俗称 AI，是 Adobe 公司推出的一款矢量图形软件，Illustrator CC 全新的追踪引擎可以快速地设计流畅的图案以及对描边使用渐变效果，快速又精准地完成设计。其强大的系统提供了各种形状、颜色、复杂效果和丰富的排版方式，可以自由尝试各种创意并

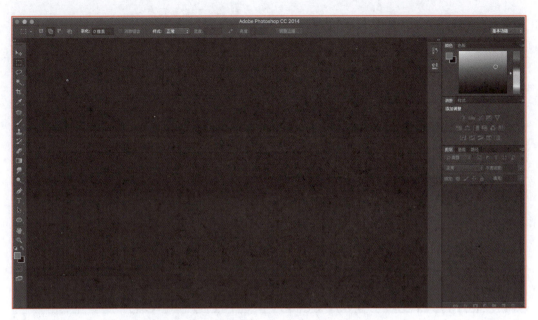

图 5-2　Photoshop 软件操作界面

传达创作理念，在游戏 UI 设计中的应用也相当广泛。Illustrator 软件进入界面如图 5-3 所示，其操作界面如图 5-4 所示。

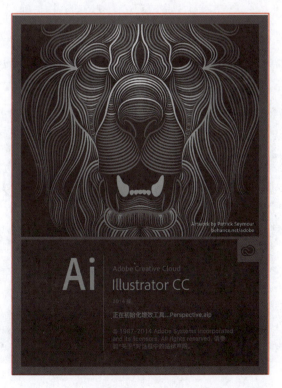

图 5-3　Illustrator 软件进入界面

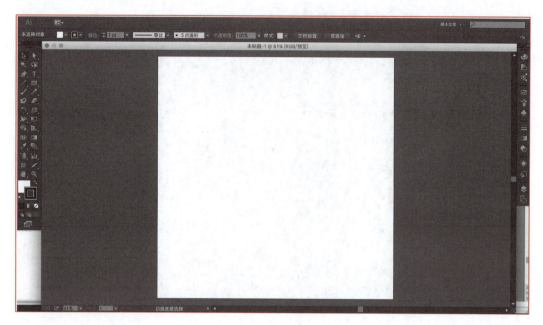

图 5-4   Illustrator 软件操作界面

5.1   UI 设计软件基础功能

UI 设计软件基础功能

PPT

UI 设计是人与机器之间传递和交换信息的媒介，优秀的界面设计，既要符合人机工程学便于操作，又能给人带来视觉冲击，如图 5-5 所示。

图 5-5   设计师 Mike 的游戏 UI 设计作品

Photoshop 以其强大的位图编辑功能、灵活的操作界面、开发式的结构，早已渗透到图形设计的各个领域，如广告设计、建筑装潢、数码影像、婚纱摄影等诸多行业，并且已经成为 UI 设计行业中不可或缺的工具。

下面将通过详细讲解 Photoshop 中的油漆桶工具、形状工具、画笔工具、文字工具、滤镜等知识点，掌握 Photoshop 在 UI 设计中的基本操作。

5.1.1　知识准备

1. 油漆桶工具

"油漆桶工具"位于渐变工具组中，"油漆桶工具"位置如图 5-6 所示。使用油漆桶工具可以填充前景色和图案，填充的是与鼠标单击点色调相近的区域。如果创建了选区，则可以填充选区内与鼠标单击点色调相近的区域。单击油漆桶工具后，其属性栏如图 5-7 所示。

图 5-6　"油漆桶工具"位置

图 5-7　"油漆桶工具"属性栏

2. 形状工具

形状工具包括矩形工具、圆角矩形工具、椭圆工具、多边形工具、直线工具和自定形状工具，如图 5-8 所示。

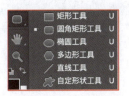

图 5-8　Photoshop 中的形状工具

3. 画笔工具

Photoshop 的画笔工具组中包含了 4 种绘画工具：画笔工具、铅笔工具、颜色替换工具和混合画笔工具。使用这些工具能够绘制和修改图像。

4. 文字工具

Photoshop 的文字工具组包括横排文字工具、直排文字工具、横排文字蒙板工具和直排文字蒙板工具 4 种工具，如图 5-9 所示。

图 5-9   Photoshop 中的文字工具

横排文字工具和直排文字工具用于文字创建，根据创建方式的不同，可以获得点文字（在屏幕上直接输入）、段落文字（在拖出的文本框中输入）及路径文字（沿路径输入）。

横排文字蒙板工具和直排文字蒙板工具用于文字选区的创建。

5. 滤镜

滤镜被称为"Photoshop 图像处理的灵魂"，使用滤镜可以轻松地为图像添加各种各样的效果。在 Photoshop 中，滤镜主要分为系统自带的内部滤镜和外挂滤镜两种。

滤镜只能作用于当前正在编辑的、可见的图层或图层中的选区，如果没有创建选区，系统会将整个图层视为当前作用范围。此外，也可对整副图像应用滤镜。滤镜可以反复应用，但一次只能应用在一个图层上，如图 5-10 所示。

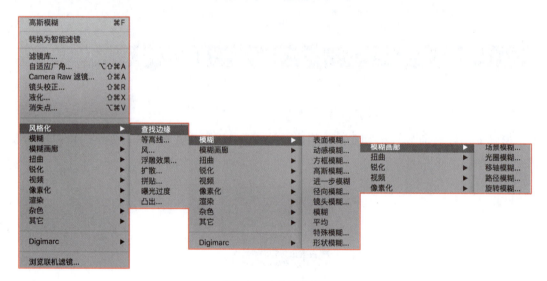

图 5-10   滤镜菜单

以下介绍游戏 UI 设计中的几种常用滤镜。

（1）高斯模糊滤镜

高斯模糊滤镜可以使图像产生一种朦胧的效果，通过调整"高斯模糊"对话框中的"半径"值可以设置模糊的范围，它以像素为单位，数值越高，则模糊效果越强烈。

（2）USM 锐化滤镜

USM 锐化滤镜能够查找图像中颜色发生显著变化的区域，并在图像边缘的两侧分别制作一条明线或暗线来调整边缘细节的对比度，使图像边缘轮廓锐化。

常用参数如下：

数量：用来设置锐化效果的强度。该值越高，锐化效果越明显。

半径：用来设置锐化的范围。

阈值：只有相邻像素间的差值达到该值所设定的范围时才会被锐化，因此，该值越高，被锐化的像素就越少。

注意：

USM 锐化起源于一种将底片进行模糊处理的暗室技术。数码照片可以从某种程度的锐化中获益，但是当锐化完成后会增加图片的对比度，丢失阴影和高亮等细节，降低图片品质，如再想润饰、更高色阶或做其他调整将会增加难度。

（3）蒙尘与划痕滤镜

蒙尘与划痕滤镜可将图像相异像素的颜色涂抹开，再进行局部的模糊并将其融入周围像素中以减少杂色，使颜色层次处理更真实，能够有效地去除图像中的杂点和痕迹。

常用参数如下：

半径：用来设置以多大半径为范围搜索像素间的差异，该值越高，模糊程度越强。

阈值：用来设置像素的差异有多大才能被视为杂点，该值越高，去除杂点的效果就越弱。

5.1.2　技能准备

1. 油漆桶用法

（1）填充颜色

按快捷键 Ctrl+O，打开素材文件，如图 5-11 所示。选择工具箱中的"油漆桶工具"，

图 5-11　"盔甲战士"图标

在属性栏中选择"前景"，容差设置为 10，选中"连续的"复选项，设定一个前景色后，单击填充头盔，如图 5-12 所示。填充效果如图 5-13 所示。

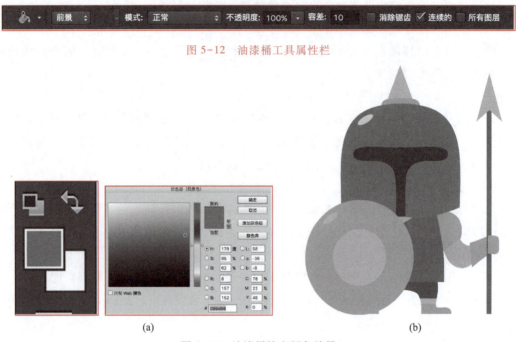

图 5-12　油漆桶工具属性栏

(a)　　　　　　　　　　　　　　　　　　(b)

图 5-13　油漆桶填充颜色效果

（2）填充图案

在属性栏中选择"图案"选项，在下拉列表中选择一种图案，单击填充头盔，如图 5-14 所示。

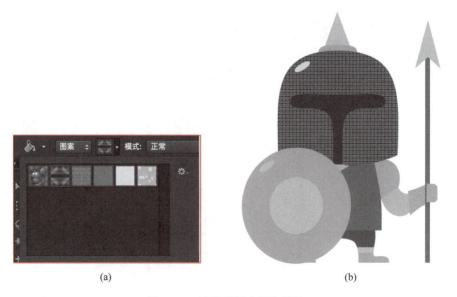

(a)　　　　　　　　　　　　　　　　　　(b)

图 5-14　油漆桶填充图案效果

油漆桶常用参数如下。

填充选项：包括"前景"和"图案"两种。选择"前景"时，油漆桶工具将使用前景色进行填充；选择"图案"时，后边的"图案"选项会被激活，在打开"图案"选项下拉列表框中可以选择用于填充的图案。

容差：与魔棒工具的容差差数一致，数值越小，选取填充的区域就越小；数值越大，选取填充的区域就越大。在选框中可输入的数值为 0~255。

连续的：该选项用于设置填充时的连续性。选中"连续的"复选项填充的是相连的像素；不选中"连续的"复选项，则填充的是所用与点击点像素相似的像素，如图 5-15 所示。

图 5-15　选中与不选中"连续的"复选项填充对比

2. 形状工具的用法

（1）设置"矩形工具"属性栏

按快捷键 Ctrl+N，新建一个 1000px×1000px 大小的页面，然后选择工具箱中的矩形工具，在属性栏中选择"形状"选项，并设置填充为黄色，描边为橙色，如图 5-16 所示。

图 5-16　"矩形形状工具"填充和描边设置

（2）不同设置的绘制效果

在页面中拖动鼠标可创建填充为黄色，描边为橙色的矩形图层；分别在属性栏中选择"路径"和"像素"进行绘制，可得到矩形路径和矩形像素图案，如图 5-17 所示。

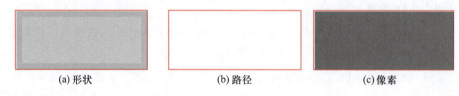

(a) 形状　　　　　　　　(b) 路径　　　　　　　　(c) 像素

图 5-17　矩形工具绘制

（3）圆角矩形工具绘制

圆角矩形工具与矩形工具的属性栏基本相同，只是多了一个"半径"选项，用来设置圆角矩形的圆角半径，该值越高，则圆角范围越大。如图 5-18 所示为不同半径值绘制的效果。

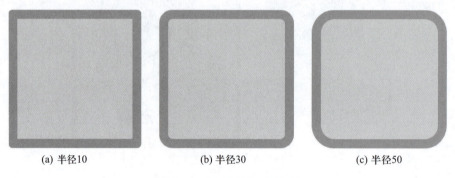

(a) 半径10　　　　　　(b) 半径30　　　　　　(c) 半径50

图 5-18　圆角矩形工具绘制

（4）椭圆工具绘制

椭圆工具用来创建椭圆形和圆形，其属性和矩形工具基本相同。选择椭圆工具后，拖动鼠标即可创建椭圆形，按住 Shift 键拖动则可创建圆形，如图 5-19 所示。

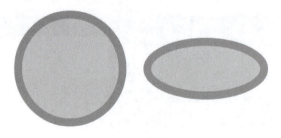

图 5-19　椭圆工具绘制

（5）多边形工具绘制

多边形工具可以创建多边形和星形。选择多边形工具，首先设置需要的边数，范围为 3~100，然后单击"设置"按钮，打开下拉列表，可以设置多边形的外观形状，如图 5-20 所示。

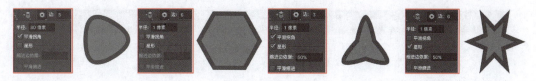

图 5-20　多边形工具绘制

半径用来设置多边形或星形的大小。保持默认为空，则可以创建随意大小的图形；设置数值后，则图形的大小限制在给定半径值的圆以内。

（6）直线工具绘制

直线工具可以创建直线和带箭头的线段。选择直线工具，设置"粗细"为 20 像素，单击"设置"按钮，打开下拉列表框，可以设置箭头的外观形状，如图 5-21 所示。

图 5-21　直线工具绘制

（7）自定义形状工具

使用自定义形状工具可以创建 Photoshop 中自带的形状和自定义的形状。选择自定义形状工具，单击属性栏中的"形状"下拉按钮，在弹出的下拉列表框中选择一种形状，然后在页面中拖动鼠标，即可创建形状，如图 5-22 所示。

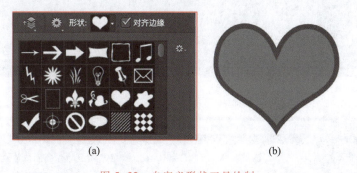

（a）　　　　　　　　　　　（b）

图 5-22　自定义形状工具绘制

3. 画笔工具组的应用

（1）画笔工具

从画笔工具的图标能够看出，它类似于传统的毛笔，使用画笔工具可以用前景色绘制线条、图像，还可以修改蒙板和通道。单击工具箱中的画笔工具，其属性栏如图 5-23 所示。

图 5-23　画笔工具属性栏

常用参数如下。

画笔下拉列表框：单击画笔属性栏的画笔下拉按钮，可以从弹出的下拉列表框中选择不同样式的画笔，设置画笔的大小和硬度参数。

喷枪：单击该按钮，可以启用喷枪样式，按住鼠标左键不放，将继续填充颜色。

（2）铅笔工具

使用铅笔工具可以使用前景色绘制线条，与画笔工具不同的是，铅笔工具只能绘制硬边线条，而画笔工具可以绘制带有柔边效果的线条。单击工具栏中的铅笔工具，其属性栏如图 5-24 所示。

图 5-24　铅笔工具属性栏

常用参数如下。

自动涂抹：选中该选项后，设置前景色，拖动鼠标绘制一条直线，如图 5-25 所示。再次拖动鼠标绘制时，如果光标的中心落在已经绘制的区域上，那么该区域将被涂抹成背景色，如图 5-26 所示。

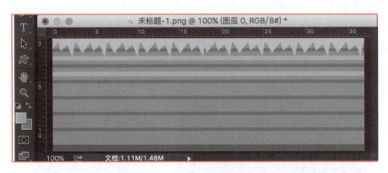

图 5-25　铅笔工具绘制直线

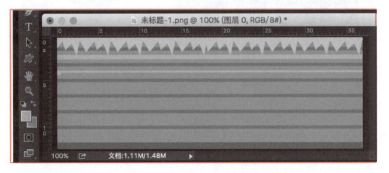

图 5-26　已经绘制的区域被涂抹成背景色

（3）颜色替换工具

使用颜色替换工具可以用前景色替换图像中的颜色。该工具不能用于位图、索引和多通道模式的图像。单击工具箱中的颜色替换工具，其属性栏如图 5-27 所示，颜色替换效果如图 5-28 所示。

图 5-27　颜色替换工具属性栏

图 5-28　颜色替换效果

常用参数如下。

取样：单击"连续取样"按钮，拖动鼠标时可连续对颜色取样；单击"一次取样"按钮，只替换包含图像中第一次取样的相同颜色；单击"背景色板取样"按钮，只替换包含当前背景色的区域。

限制：选择"连续"选项，只替换与光标处颜色邻近的相似颜色；选择"不连续"可替换与光标处颜色相似的所有颜色；选择"查找边缘"选项，可替换包含取样颜色的连续区域，同时保留形状边缘的锐化程度。

（4）混合器画笔工具

使用混合器画笔工具可以混合像素，模拟真实的绘画效果，就好像画笔在画布上涂抹，使颜色混合，同时还可以调配不同的绘画湿度，其属性如图 5-29 所示。

图 5-29　混合器画笔工具属性栏

常用参数如下。

当前画笔载入：单击混合器画笔工具属性栏中当前画笔载入的下拉按钮，如图 5-30 所示，选择"载入画笔"选项，属性栏中能够显示当前光标下的颜色区域，如图 5-31 所示。选择混合器画笔工具后，按住 Alt 键单击图像任意区域，也可以将单击区域显示在属性栏中；如果选择"只载入纯色"选项，则按住 Alt 键单击图像任意区域，单击的区域只以单色显示在属性栏中，如图 5-32 所示；如果选择"清理画笔"选项，则清除画笔中的颜色。

图 5-30　当前画笔载入的下拉按钮

图 5-31　载入画笔

图 5-32　只载入纯色

每次描边后载入画笔 ✏、清理画笔 ✗：单击 ✏ 按钮，可以将涂抹区域的颜色与前景色相混合；按下 ✗ 按钮，可清理颜色。

有用的混合画笔组合：单击属性栏中 自定 下拉按钮，弹出画笔组合下拉面板，如图 5-33 所示，可以选择包括"干燥""湿润""潮湿"等不同选项的涂抹效果。

潮湿：在默认状态下（每次描边后载入画笔或者清除画笔都不按下），可以控制画笔从图像中拾取的颜色量。该值越大，绘制条也越长。

混合：可以控制图像颜色量同取样颜色量之间的比例。当该值为 100% 时，所有颜色将从图像中拾取；该值为 0% 时，所有颜色都来自属性栏取样的颜色。

图 5-33　自定义画笔

4. 文字的创建与编辑方法

在 PS 中，常见的文本类型分为点文本与段落文本。点文本用于处理字数较少或单行的文本；段落文本是位于定界框内成段文字，用于处理文字数量较多或成段的文本。

（1）创建并编辑点文本内容

单击横排文字工具右下角的三角图标 T，下拉菜单如图 5-34 所示。选择横排或直排文字工具，在工具属性栏设置字体、大小和颜色，如图 5-35 所示，在文档空白处单击输入文字，即可创建点文本内容。单击工具属性栏的 ✓ 按钮，即可完成对当前文字的编辑操作，此时，图层面板自动生成一个文字图层，并默认以输入的文本命名图层。如需取消当前的文字编辑操作，则单击工具属性栏中的 ⊘ 按钮，或直接按 Esc 键。

提示：在文字编辑状态下，按 Enter 键换行，选择其他工具、按下键盘的 Enter 键或 Ctrl+Enter，也可以结束当前的文字编辑操作。

图 5-34　Photoshop 的文字工具

图 5-35　Photoshop 的文字工具属性栏

在编辑点文本内容时，只需要切换到文字工具后，拖动鼠标指针选择需要更改的文本内容（可以是整个点文本内容，也可以是整个点文本内容中的部分文字），此时需要更改的文字会呈现深底色，表明为选中状态，在工具属性栏修改字体、字号、颜色等，如图 5-36 所示。

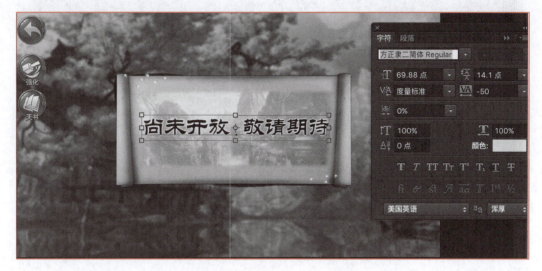

图 5-36　游戏界面中的点文字编辑

（2）创建并编辑段落文本内容

方法与创建点文本类似，选择横排或直排文字工具，在工具属性栏设置字体、字号和颜色，在图片文档上拖出一个定界框，在闪烁光标的位置输入文字即可，如图 5-37 所示，定界框内文字会根据定界框范围排列，并自动换行，如图 5-38 所示。

图 5-37　游戏界面中的段落文字编辑

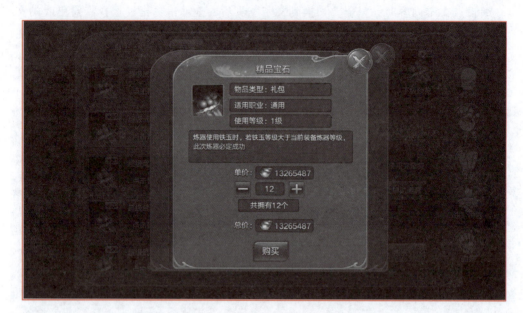

图 5-38　游戏界面中的段落文字

提示：如文本太多超过定界框时，则会在定界框右下角出现文本溢出图标⊞，如果选择了其他工具，则需要重新切换到文字工具，点选文字内容设置光标插入点，即可显示定界框，然后拖动调整其大小，以显示所有文本。

（3）横排文字与直排文字互相切换

点文本与段落文本中的横排文字与直排文字也是可以互相转换的。方法有以下两种：直接单击工具属性栏中的"切换文字取向"按钮⬚直接转换；或者在菜单栏中选择"文字"→"文本排列方向"命令后，选择所需的文字方向即可。

（4）文字工具属性栏

在工具栏选择文字工具后，上方会出现文字工具属性栏，可以设置文字的字体、类型、大小、渲染方式、对齐方式和字体颜色等，如图 5-39 所示。

图 5-39　Photoshop 的文字工具属性栏

5. 模糊工具、锐化工具的使用方法

使用模糊工具可以对光标拖动区域的图像进行模糊处理，柔化图像的边缘，减少图像中的细节；而使用锐化工具则与模糊工具得到的效果完全相反，锐化工具能够提高图像的清晰度，增加图像相邻像素之间的对比。在工具箱中分别选择模糊工具和锐化工具，其属性栏分别如图 5-40 和图 5-41 所示。

图 5-40　模糊工具属性栏

图 5-41　锐化工具属性栏

注意：

在使用模糊工具时，如果重复涂抹图像的同一区域，会使图像变得更加模糊；在使用锐化工具时，如果重复涂抹图像的同一区域，会造成图像的失真。

常用参数如下。

画笔：可选择一个画笔样式，模糊和锐化区域的大小取决于画笔的大小。

模式：不同模式，涂抹后产生的效果不同。一般采用正常模式。

强度：用来设置工具的强度。

对所有图层取样：如果当前图像中包含多个图层，选中该选项，可使用所有可见图层中的数据进行处理；取消选中该选项，则只使用当前图层中的数据。

5.1.3　任务实施

1. 使用油漆桶工具填充颜色

使用油漆桶工具为战士的头盔上色。将头盔的颜色改变为蓝色，如图 5-42 所示。

2. 使用形状工具制作游戏的"开始"按钮（图 5-43）

(a)　　　　　　　(b)

图 5-42　使用油漆桶工具改变战士的头盔颜色

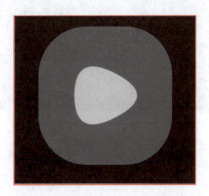

图 5-43　游戏的"开始"按钮

（1）新建文档，如图 5-44 所示。

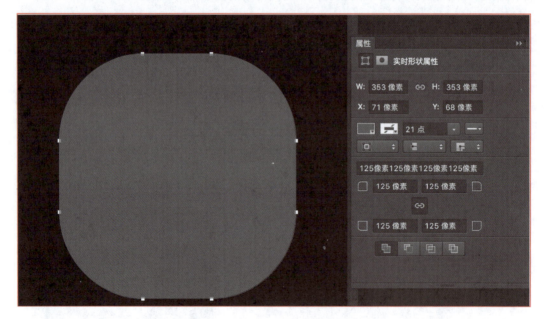

图 5-44　Photoshop 新建文档窗口

（2）使用圆角矩形工具绘制圆角正方形，调整圆角大小，如图 5-45 所示。

图 5-45　Photoshop 圆角矩形属性窗口

（3）使用多边形工具绘制圆角三角形，如图 5-46 所示。

3. 使用画笔工具绘制卡通图标

使用画笔工具绘制卡通图标，图标的头部外形与五官细节分层绘制，在刻画细节的时

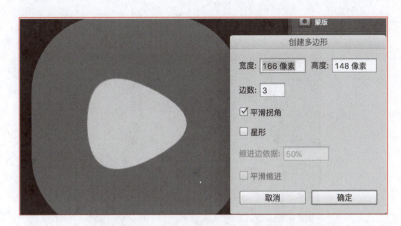

图 5-46　Photoshop 创建多边形弹窗设置

候锁定"图层透明像素",绘制时不会影响到其他图层,如图 5-47 所示。

图 5-47　卡通图标

(1)使用画笔工具绘制基本图形,如图 5-48 所示。

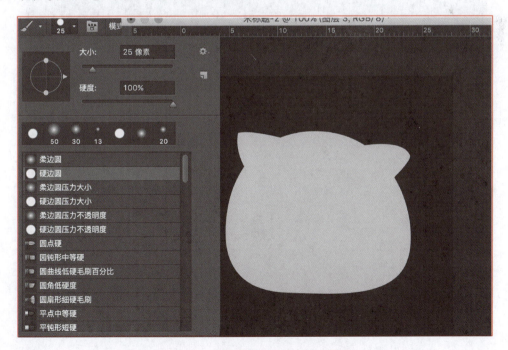

图 5-48　使用画笔工具绘制基本图形

（2）使用画笔工具绘制五官细节，如图 5-49 所示。

图 5-49　使用画笔工具绘制五官细节

（3）为图层添加细节

锁定"图层透明像素"，为图层添加细节。使用柔边圆画笔工具，调整画笔的笔触大小为"200"，不透明度为"25%"，为图层添加阴影和高光，如图 5-50 所示。

图 5-50　使用画笔工具绘制光影细节

（4）使用柔边圆画笔工具绘制发光效果，如图 5-51 所示。

图 5-51　使用柔边画笔工具绘制发光效果

4. 游戏挂机界面设计与制作

游戏挂机界面中的文字分为标题文字、一级文字、二级文字以及图标文字，文字属性不同，文字的大小与色彩设计也不同，如图 5-52 所示。

图 5-52　游戏挂机界面

5. 技能界面入口的设计与制作

游戏技能界面入口主要突出游戏的入口图标，因此，界面背景图片进行了"高斯模糊"处理，再将透明黑色色块叠加到图标与背景之间，如图 5-53 所示，使游戏入口图标更加突出。

图 5-53　游戏技能界面

5.2　图像编辑功能的使用

图像编辑功能的
使用

PPT

　　图像的基本操作是初学者使用 Photoshop 软件的第一步，无论是处理数码照片还是设计游戏 UI 作品，均需要熟练掌握 Photoshop 的基本操作，例如，调整图像分辨率、图像尺寸、画布大小、图像颜色，裁切图像和变换图像等。通过这些简单的操作，能够对图像进行基本编辑。本节将对 Photoshop 中的图像处理基本操作展开全面的讲解。

5.2.1　知识准备

1. 图像的文件大小

　　图像的文件大小以千字节（KB）、兆字节（MB）或千兆字节（GB）为度量单位。文件大小与图像的像素大小成正比。图像中包含的像素越多，在给定的打印尺寸上显示的细节也就越丰富，但需要的磁盘存储空间也会增多，而且编辑和打印的速度可能会更慢。因此，更改图像大小不仅会影响图像的像素大小，还会影响图像的品质和打印特性，以及打印尺寸或图像分辨率。

2. 图像的变换操作

　　图像的变化操作是指对所选的图像或区域进行自由变换的操作。在菜单栏中选择"编辑"→"变换"命令，在弹出的子菜单中选择相应的命令，可以使图像实现缩放、旋转、斜切、扭曲、透视、变形、翻转等效果。

在进行图像变换与变形操作时，当前对象周围将出现一个定界框，定界框中央有一个中心点，四周有 8 个控制点。此外，按下 Ctrl+T 组合键也可以显示定界框，如图 5-54 所示。

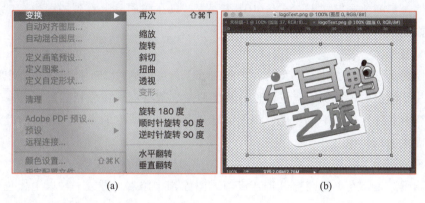

图 5-54　图像变换菜单

定界框：用于限定对象。

中心点：在默认情况下，位于对象中央，用于定义对象的变换中心，按住鼠标左键拖动中心点即可移动对象变换中心的位置。

控制点：拖动控制点可以进行相应的变换操作。

3. 颜色模式

色彩对于游戏 UI 设计来说尤为重要，除了 CMYK 色彩、RGB 色彩外，Photoshop 中还有其他的色彩模式。

（1）RGB 色彩模式

RGB 色彩模式也称显示模式，RGB 为三原色光，用英文表示就是 R（red）、G（green）、B（blue）。电脑屏幕上的所有颜色，都是由红色、绿色、蓝色 3 种色光按照不同的比例混合而成的。一组红色、绿色、蓝色就是一个最小的显示单位。屏幕上的任何一个颜色都可以由 RGB 值来记录和表达。

（2）CMYK 色彩模式

CMYK 色彩模式也称作印刷色彩模式，顾名思义就是用来印刷的色彩。和 RGB 类似，CMY 是 3 种印刷油墨名称的首字母，即青色（cyan）、洋红色（magenta）、黄色（yellow）。而 K 取的是黑色（black）的最后一个字母，之所以不取首字母，是为了避免与蓝色（blue）混淆。从理论上来说，只需要 CMY 这 3 种油墨就足够了，它们 3 个加在一起就应该得到黑色。但是由于目前制造工艺还不能造出高纯度的油墨，CMY 相加就不能得到纯黑，因此还需要加入一种专门的黑墨来调和。

CMYK 和 RGB 相比有很大的不同，RGB 模式是一种发光的色彩模式，在一间黑暗的房间里仍然可以看见屏幕上的内容；而 CMYK 是一种依靠反光的色彩模式，在阅读一本书时，由阳光或灯光照射到书上，再反射到人们眼中，才能看到内容，它需要有外界光源，在黑暗房间里是无法阅读的。

只在屏幕上显示的图像，就是 RGB 模式显现的（因为显示屏幕色彩就是由色光组成的，但文件自身的色彩模式不一定是 RGB 模式）；只在印刷品上看到的图像，就是 CMYK 表现的，如期刊、报纸、宣传画等。

（3）灰度模式

灰度模式是指纯白、纯黑以及两者之间的若干灰度，通过 256 种颜色来表现图像。对于黑白照片、黑白电视，实际上应该称为灰度照片、灰度电视才确切。灰度模式中不包含任何色相、饱和度信息，不存在任何颜色信息，而只包含明度的黑白图像，因此灰度模式可以更精确地表现图像。

（4）双色调模式

双色调模式是指在单色图像（即灰度模式图像）中添加一种或一种以上颜色来表现图像的颜色模式。如果要在 Photoshop 中将一般彩色图像转换成双色调模式，必须首先将图像转换为灰度模式，然后再转换为双色调模式。

双色调模式最主要的用途是使用尽量少的颜色来表现尽量多的颜色层次，这对降低印刷成本是很重要的，因为在印刷时，双色印刷比 CMYK 四色印刷成本更低。

（5）Lab 颜色模式

Lab 颜色模式由一个发光率（Luminance）和两个颜色（a，b）轴组成，是国际照明委员会（CIE）为了弥补显示器、打印机和扫描仪等各种机器设备之间的颜色差异而开发的一种色彩体系。当 RGB 模式转换成 CMYK 模式时，如果中间经过 Lab 颜色模式，则可以将颜色变化降低到最小程度。Lab 颜色模式与显示器、打印机等机器设备无关，它通过独立的方式来表现颜色，是一种包含 RGB 和 CMYK 颜色的色彩体系。

（6）位图模式

位图模式指的是仅通过白色和黑色两种颜色来表现图像的色彩模式，因为位图模式的图像也称为黑白图像。灰度模式通过白色和黑色之间的 256 级颜色来表现图像，因此可以创建像黑白照片一样生动的图像。与之相反，位图模式只通过白色和黑色两种颜色来表现图像，因此在将图像转换为位图模式时会丢失大量细节，图像的容量也会相应地缩小。如果要在 Photoshop 中将一般彩色图像转换成位图模式，首先要将图像转换为灰度模式，然后再转换为位图模式。

（7）索引颜色模式

索引颜色模式是指利用 256 种颜色来表现图像的模式。与 RGB 模式一样，索引颜色模式也可以用于计算机显示器。但是由于索引颜色模式可以表现的颜色范围比较窄，图像容量比较小，因此常用于插入网页中的图像文件或者动画（GIF）文件。也就是说，索引颜色模式适用于将容量较大的 RGB 图像转换为容量较小的图像。索引颜色模式精选 RGB

图像中所使用的颜色，然后再构建新的调色板，从而可以在不降低图像质量的同时缩小图像容量。

（8）多通道模式

图像转换为多通道模式后，Photoshop 将根据原图像生成相同数目的新通道。在多通道模式下，每个通道都使用 256 级灰度。

（9）8 位、16 位、32 位/通道模式

"位"（bit）是计算机存储器里的最小单位，用来记录每一个像素颜色的值。图像的色彩越丰富，"位"的值就越大。每一个像素在计算机中所使用的这种位数就是"位深度"。在记录数字图形的颜色时，计算机实际上是用每个像素需要的位深度来表示的。

8 位/通道：位深度为 8 位，每个通道可支持 256 种颜色。

16 位/通道：位深度为 16 位，每个通道可支持 65000 种颜色。在 16 位模式下工作可以得到更精确的编辑结果。

32 位/通道：高动态范围（HDR）图像的位深度为 32 位，每个颜色通道包含的颜色要比 8 位/通道多很多，能够存储 100000∶1 的对比度。

注意：

在以上的多种颜色模式中，运用最多的是 RGB 和 CMYK 模式。理论上 RGB 颜色与 CMYK 颜色的互换都会损失一些颜色，但 CMYK 颜色转成 RGB 颜色时损失的颜色较少，在视觉上不容易看出区别；而 RGB 颜色转成 CMYK 颜色时，颜色损失较多，视觉变化效果较为明显。因此，在进行设计时，新建文档的时候就要确定好色彩模式。进行游戏 UI 设计制作，由于 UI 一般只是显示在屏幕上，可放心地选用 RGB 模式；如果所进行的设计需要打印或者印刷，就必须使用 CMYK 模式，尽可能确保印刷品的颜色与设计时一致。如果选用 RGB 模式的图像进行打印或者印刷，最终得到的图像颜色与设计时的颜色就会有很大的偏差。

索引颜色模式可以在保持多媒体演示文稿、Web 页面等视觉品质的同时，减少文件大小。但在该模式下只能进行有限的编辑，渐变和滤镜都不能使用。因此，在编辑该模式的图像时，可暂时转换为 RGB 模式，编辑完毕后再恢复为索引模式。

在 RGB、CMYK 和 Lab 颜色模式的图像中，如果删除了某个颜色通道，图像就会自动转换为多通道模式。在进行特殊打印时，会用到多通道图像。

4. 选区

在图像处理的过程中，使用最多的还是局部图像的编辑，这时图像的选取操作就显得尤为重要。选择范围的优劣势、准确与否，都与图像编辑的成败有着密切的关系。因此，在最短时间内进行有效的、精确的范围选取，能够提高工作效率和图像质量，为以后的图像处理工作奠定基础。

5. 图层

图层是 Photoshop 的"灵魂"，在 Photoshop 中，系统对图层的管理主要依靠"图层"面板和"图层"菜单来完成。对图层进行操作是 Photoshop 中使用最为频繁的一项工作。通过建立图层，然后在各个图层中分别编辑图像中的各项元素，可以产生既富有层次，又彼此关联的整体图像效果。

每一个图层都是由许多像素组成的，而图层又通过上下叠加的方式来组成整个图像。它的原理就像是一张张堆叠在一起的透明纸，每一张上都承载着不同的图像内容，上面纸张的透明区域会显示下面纸张的内容，查看到的图像便是这些纸张堆叠在一起时的效果，如图 5-55 所示。

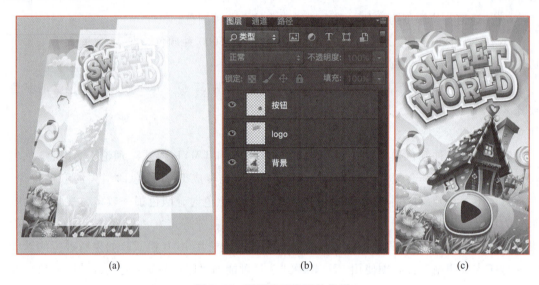

(a)　　　　　　　　　　　　(b)　　　　　　　　　　　　(c)

图 5-55　图层演示分层效果图

要创建、编辑和管理图层，就离不开"图层"面板。在"图层"面板中显示了所有图层、图层组和图层效果。此外，单击"图层"面板右上角的圆圈按钮，即可打开"图层"面板菜单，执行相应命令。"图层"面板中各选项的作用如下。

当前图层：在"图层"面板中，以灰蓝色显示的图层为当前图层，单击所需编辑的图层即可使其成为当前图层。

"图层过滤"工具栏：用于查找图层对象。单击 类型 按钮后，可以按照图层类型查找图层；单击 按钮后，将在图层列表中过滤出像素图层；单击 按钮后，将在图层列表中过滤出调整图层；单击 T 按钮后，将在图层列表中过滤出文字图层；单击 按钮后，将在图层列表中过滤出形状图层；单击 按钮后，将在图层列表中过滤出智能对象；单击 按钮后，将打开或关闭图层过滤功能。

"混合模式"下拉列表框：用于设置当前图层与其他图层叠加的效果。

"不透明度"文本框：用于设置当前图层的不透明度，默认为"100%"，即不透明。

"填充"文本框：用于设置当前图层内容填充后的不透明度。

"锁定"工具栏：用于锁定图层中的指定对象。单击████按钮后，将无法对当前图层中的透明像素进行任何编辑操作；单击████按钮后，将无法在当前图层中进行绘制操作；单击████按钮后，将无法移动当前图层；单击████按钮后，将无法对当前图层进行任何编辑操作。

"控制面板菜单"按钮████：单击该按钮，可以在弹出的菜单中进行新建、删除、链接和合并图层等操作。

"指示图层可见性"图标████：用于显示或隐藏图层。在图层左侧显示该图标时，图层中的图像将在图像窗口中显示，单击该图标使其消失，将隐藏图层中的图像。

"链接图层"████按钮：用于链接选中的多个图层。

"添加图层样式"████按钮：用于为当前图层添加图层样式效果。

"添加图层蒙板"████按钮：用于为当前图层添加图层蒙板。

"创建新填充或调整图层"████按钮：用于创建填充或调整图层。

"创建新组"按钮████：用于新建图层组，图层组用于放置多个图层。

"创建新图层"按钮████：用于创建一个新的空白图层。

"删除图层"按钮████：用于删除图层。

5.2.2　技能准备

1. 调整图像大小

无论是改变图像分辨率、尺寸还是像素大小，都需要使用"图像大小"对话框来完成，如图 5-56 所示。在 Photoshop 中打开一个现有的图像文档后，可以执行"图像大小"命令，改变图像文档的大小，如图 5-57 所示。

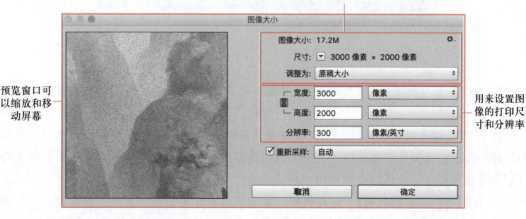

图 5-56　"图像大小"对话框

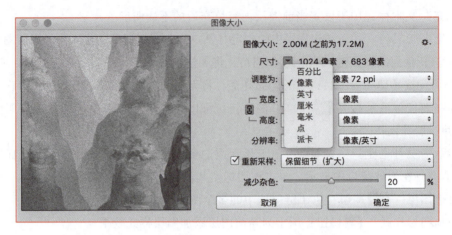

图 5-57　"图像大小"对话框中的尺寸单位

常用参数如下：

在默认情况下，"重新采样"选项是被启用的。在该选项的下拉列表框中提供了以下几种重定义图像像素的方式，它们的具体功能如下：

① 自动化：Photoshop 根据文档类型以及是放大还是缩小文档来选取重新取样方法。

② 保留细节（扩大）：选取该方法，可在放大图像时使用"减少杂色"滑块消除杂色，在放大图像时提供更优锐度的方法，如图 5-58 所示。

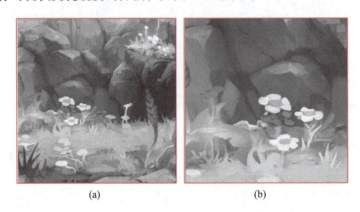

图 5-58　无损放大

③ 两次立方（较平滑）（扩大）：一种基于两次立方插值且旨在产生更平滑效果的有效图像放大方法。

④ 两次立方（较锐利）（缩小）：一种基于两次立方插值且具有增强锐化效果的有效图像减小方法。此方法在重新取样后的图像中保留细节。如果使用该方法会使图像中某些区域的锐化程度过高，可以尝试使用"两次立方"（平滑渐变）。

⑤ 两次立方（平滑渐变）：一种将周围像素值分析作为依据的方法，速度较慢，但精度较高。该方法使用更复杂的计算，产生的色调渐变比"邻近"或"两次线性"更为

平滑。

⑥ 邻近（硬边缘）：一种速度快但精度低的图像像素模拟方法。该方法会在包含未消除锯齿边缘的插图中保留硬边缘并生成较小的文件。但是，该方法可能产生锯齿状的效果，在对图像进行扭曲或缩放时或在某个选区上执行多次操作时，这种效果会变得非常明显。

⑦ 两次线性：一种通过平均周围像素颜色值来添加像素的方法，该方法可生成中等品质的图像。

2. 调整画布大小

使用"画布大小"命令可以修改画布的尺寸，同时可以对画面进行一定的裁剪或扩展。

（1）打开"画布大小"对话框

启动 Photoshop 并打开需要调整画布尺寸的图像文件，在菜单栏中选择"图像"→"画布大小"命令，打开"画布大小"对话框，如图 5-59 所示。

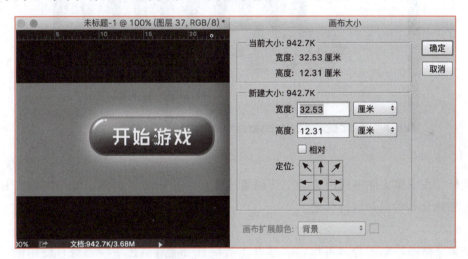

图 5-59　　"画布大小"对话框

（2）调整画布大小

在"画布大小"对话框中，选中"相对"复选框，在"新建大小"栏的"宽度"和"高度"文本框中的下拉列表框中选择单位，分别在文本框中输入需要的数值，单击"确定"按钮。

3. 移动图像

在处理图像文件的过程中，经常需要对图像文件进行整体移动或者局部移动。单击工具箱中的"移动工具"按钮，在需要移动的图像上按住鼠标左键进行拖动，拖动至目标位置后释放鼠标左键即可。

移动图像文件并不只是在图像窗口中进行，还可以在窗口之间进行，即将一个窗口的
图像移动至另一个图像窗口中，如图 5-60 所示。

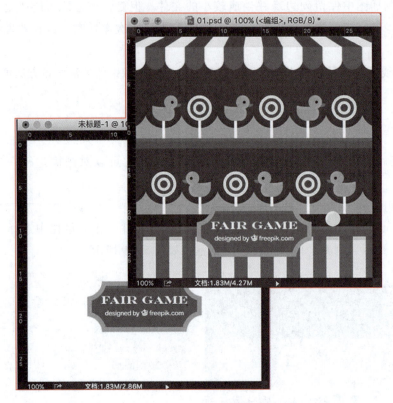

图 5-60   《FAIR GAME》游戏界面

此外，在图像文件中利用选框工具创建选区后，用户可以使用工具箱中的"移动工
具"对图像文件的局部进行移动。

技巧：

如果要精确移动图像，可以在"移动工具"按钮 呈按下状态时，使用键盘上的
↑、↓、→和←方向键进行移动。

4. 复制图像

复制图像就是对整个图像或局部图像创建副本，可以通过图层复制和移动复制来
实现。

图层复制：在"图层"面板中拖动要复制的图像所在的图层到面板底部的"创建新
图层"按钮上，释放鼠标左键，即可完成图像的复制，如图 5-61 所示。

移动复制：选择需要复制的图像，然后在按住 Alt 键的同时使用"移动工具"拖动
图像。

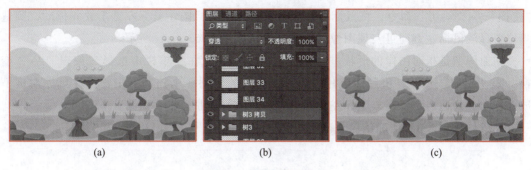

(a)　　　　　　　　(b)　　　　　　　　(c)

图 5-61　复制图层效果

5. 裁剪图像

裁剪图像是指通过剪去部分图像从而实现尺寸的改变，用户可以通过工具箱中的"裁剪工具"按钮 对图像进行裁剪。

6. 缩放与旋转图像

缩放图像是指通过调整控制框来实现图像的任意缩放和等比例缩放。选择"编辑"→"变换"→"缩放"命令，这时图像文件中显示一个控制框，将鼠标指针移动到控制点上，当指针呈直线箭头显示时，按住鼠标左键不放进行拖动，到适当位置释放鼠标左键即可，如图 5-62（a）所示。

旋转图像是指将图像文件进行顺时针或逆时针旋转。在菜单栏中选择"编辑"→"变换"→"旋转"命令，然后将鼠标指针移动到控制框旁，当指针呈弯曲箭头显示时，按住鼠标左键进行拖动，可以根据需要进行图像的旋转操作，到适当位置释放鼠标左键即可，如图 5-62（b）所示。

完成后按下 Enter 键确认操作。

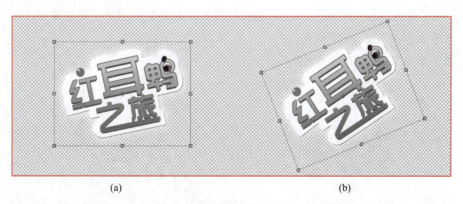

(a)　　　　　　　　　　　　　　　(b)

图 5-62　图像缩放与旋转效果

7. 斜切与扭曲图像

斜切图像是指以一定的角度对图像进行斜切式变形。在菜单栏中选择"编辑"→

"变换"→"斜切"命令，将鼠标指针移动到控制框旁，按住鼠标左键不放并拖动，到适当位置释放鼠标左键即可实现图像的斜切操作，如图 5-63（a）所示。

扭曲图像是指对图像的形状进行任意的扭曲操作。在菜单栏中选择"编辑"→"变换"→"扭曲"命令，将鼠标指针移动到控制框的任意一个控制点上，按住鼠标左键不放并拖动，到适当位置释放鼠标左键即可实现图像的扭曲操作，如图 5-63（b）所示。

完成后按下 Enter 键确认操作。

(a)　　　　　　　　　　　　　　　　　(b)

图 5-63　图像斜切与扭曲效果

8. 透视与变形图像

透视图像是指图像以一定的角度产生一种透视效果。在菜单栏中选择"编辑"→"变换"→"透视"命令，将鼠标指针移动到控制框的任意一个控制点上，按住鼠标左键不放并拖动，即可实现图像的透视操作。

变形图像是指通过调整节点上的线条弧度来达到调整图像的效果。在菜单栏中选择"编辑"→"变换"→"变形"命令，这时图像文件上将显示网格，拖动网格上的节点即可实现变形操作，如图 5-64 所示。

完成后按下 Enter 键确认操作。

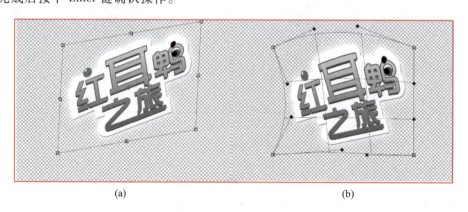

(a)　　　　　　　　　　　　　　　　　(b)

图 5-64　图像变形效果

9. 游戏 UI 设计中色彩的明度与饱和度

　　游戏 UI 设计中色彩明度与饱和度的选择，同游戏的风格息息相关。在 Photoshop 拾色器窗口中，右上角饱和度最高，左上角明度最高，如图 5-65 所示。

图 5-65　Photoshop 拾色器窗口

　　卡通风格的游戏 UI 设计一般色彩纯度较高，如图 5-66 所示。

图 5-66　DRIBBLE 设计师 Mike 的设计作品

中国风游戏 UI 一般色彩的纯度较低，如图 5-67 所示。

图 5-67　《青云志》游戏界面

10. 游戏 UI 设计中选区的创建

无论使用何种选取工具建立选区，得到的均是由蚂蚁线所圈定的区域。根据不同图像的边缘，Photoshop 提供了不同的选取工具和命令。选取工具包括规则选取工具与特殊选取工具，而选取命令包含"色彩范围"命令。

（1）基本选取工具

Photoshop 中的基本选取工具包括"矩形选框工具""椭圆选框工具""单行选框工具"和"单列选框工具"，如图 5-68 所示。

图 5-68　Photoshop 中的基本选取工具

技巧：

如果需要使用"矩形选框工具"或"椭圆选框工具"创建正方形或正圆形的选区，只需要在按住 Shift 键的同时按下鼠标左键拖动绘制选区即可。

不同的选框工具对应的属性栏中的选项基本相同，矩形选框工具属性栏如图 5-69 所示。

图 5-69　Photoshop 基本选取工具属性栏

常用参数如下。

选区创建方式按钮 ：单击该组中的某一按钮，可选择相应的选区创建方式。其中，"新选区"按钮 ■ 用于新建选区；"添加到选区"按钮 ■ 用于在原有选区的基础上增加选区，新选区为二者相加后的区域；"从选区减去"按钮 ■ 用于在原有选区的基础上减去选区，新选区为二者相减后的区域；"与选区交叉"按钮 ■ 用于在原有选区的基础上叠加一个选区，新选区为两个选区相交的区域。

"羽化"文本框：用于设置羽化范围，单位为像素（px），可以使选区边缘更加柔和。默认值为 0px，即不设置羽化范围。

（2）套索工具、快速选择工具、魔棒工具

① Photoshop 中的套索工具组包括"套索工具""多边形套索工具"和"磁性套索工具"。其中"套索工具"也称为曲线套索，使用该工具创建的选区是不精确、不规则的选取，如图 5-70 所示。

图 5-70　Photoshop 套索工具

②"快速选择工具"可以使用户像画画一样快速选择目标图像。在工具箱中选择"快速选择工具"后，在单击或按住鼠标左键拖动光标时，选区会自动向外扩展，跟随图像定义的边缘。"快速选择工具"的选项栏如图 5-71 所示。

图 5-71　Photoshop"快速选择工具"选项栏

③ Photoshop 中的"魔棒工具"与选框工具、套索工具不同，是根据在图像中单击处的颜色范围来创建选取的，即某一颜色区域为何形状，就会创建该形状的选区。"魔棒工具"的选项栏如图 5-72 所示。

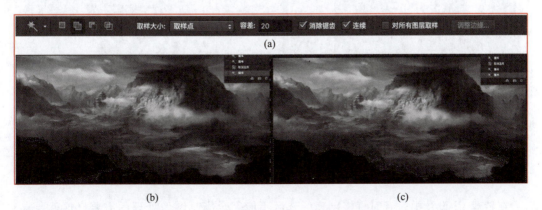

图 5-72　容差 20 和容差 50 的魔棒选取效果

常用参数如下。

容差文本框：设置选取颜色范围的误差值，取值范围为 0~255，默认的容差数值为 32，输入的数值越大，则选取的颜色范围越广，创建的选区就越大；反之选取范围越小。

"消除锯齿"复选框：选中该复选框可消除选区边缘的锯齿。

"连续"复选框：

默认情况下为启用该选项，表示只能选中与单击处相连区域中的相同像素。如果禁用该选项，则能够选中整幅图像中符合该像素要求的所有区域。

"对所有图层取样"复选框：

当图像文件中包含有多个图层时，选中该复选框表示选择操作对图像中的所有图层均有效；如果取消选中，则魔棒工具的选择操作只对当前图层有效。

提示：

使用"魔棒工具"选择颜色单一的图像时，只需要在图像上单击鼠标左键。对于颜色有差异的图像，可以在选择时按住 Shift 键，再将光标移至不同的位置并单击。

（3）色彩范围命令

使用"色彩范围"命令可以在图像中查找与指定颜色相同或相近的区域，然后选取这些区域。用户还可以通过指定其他颜色以增加或减少选择区域。

在菜单中选择"选择"→"色彩范围"命令，打开"色彩范围"对话框，根据需要调整参数，单击"确定"按钮，即可对图像文件进行创建选区的操作，如图 5-73 所示。

(a)   (b)

图 5-73   "色彩范围"选区（Pixa bay）

11. 编辑与修改选区

在游戏 UI 设计中，有时直接创建的选区不能完全满足图像处理的需要，这就要求对选区进行编辑。编辑选区包括对选区进行移动、修改、变换、反选与取消、羽化、存储与载入等操作。

（1）移动选区

移动选区是指选区在位置上的变化，用户可以根据需要将选区移动到任意位置。要移动选区，首先要保证当前工具为任意的选区工具，然后将鼠标指针移动到选区内，即可按住鼠标左键进行拖动。

（2）修改选区

通过修改选区可以对已经存在的选区进行扩展、收缩、平滑或增加边界等处理，从而使创建的选区更加符合用户的需求。

① 选区边界。

"边界"命令用于设置选区周围的图像宽度，从而使选区呈环形显示。增加边界只需在菜单栏中选择"选择"→"修改"→"边界"命令，在打开的"边界选区"对话框中的"宽度"文本框中输入相应的数值，然后单击"确定"按钮即可，如图5-74所示。

图 5-74   为选区添加边界（Pixa bay）

② 平滑选区。

"平滑"命令用于设置选区边缘的平滑度，以及消除选区边缘的锯齿。在菜单栏中选择"选择"→"修改"→"平滑"命令，在打开的"平滑选区"对话框中的"取样半径"文本框中输入相应的数值，然后单击"确定"按钮即可，如图5-75所示。

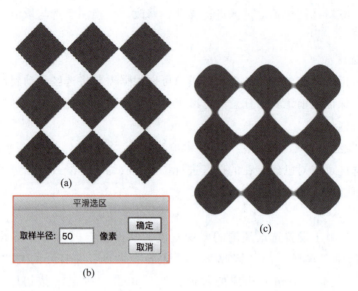

图 5-75　平滑选区

③ 扩展选区。

"扩展"命令用于将选区距离向外扩大，从而增加选区的范围。在菜单栏中选择"选择"→"修改"→"扩展"命令，在打开的"扩展选区"对话框中的"扩展量"文本框中输入相应的数值，然后单击"确定"按钮即可，如图 5-76 所示。

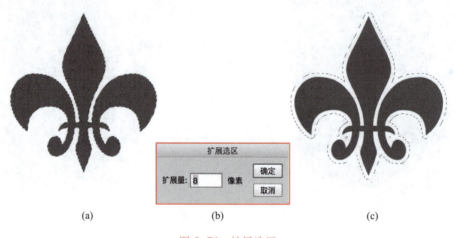

图 5-76　扩展选区

④ 收缩选区。

"收缩"命令刚好与"扩展"命令相反，它用于将选区的距离向内收缩，从而缩小选区的范围。在菜单栏中选择"选择"→"修改"→"收缩"命令，在打开的"收缩选区"对话框中的"收缩量"文本框中输入相应的数值，然后单击"确定"按钮即可，如图 5-77 所示。

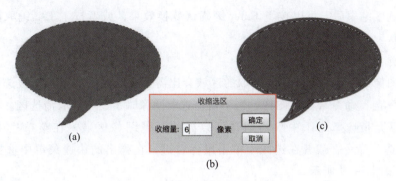

图 5-77　收缩选区

（3）变换选区

用户还可以对选区进行缩放、旋转和改变选区形状等操作。在变换选区时，图像文件不会发生任何改变。使用任意一种选区工具创建选区后，在菜单栏中选择"选择"→"变换选区"命令，将在选区的四周出现一个带有控制点的变换框，如图 5-78 所示。

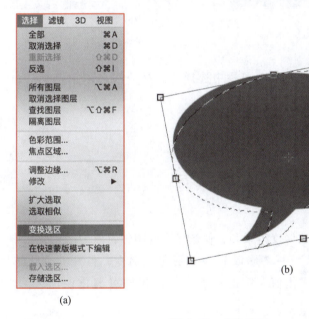

图 5-78　变换选区

使用鼠标拖动变换框上的控制点，可以对选区进行如下调整。

缩放选区：将鼠标指针移至选区变换框上的任意一个控制点上，拖动鼠标，可调整选区的大小。

旋转选区：将鼠标指针移至选区之外，拖动鼠标，即可旋转选区。

移动选区：将鼠标指针移至选区之内，拖动鼠标，即可移动选区。

此外，在变换框中单击鼠标右键，在弹出的快捷键菜单中列出了更多的变换命令。选择所需命令后，拖拽变换框的各控制点，即可对选区进行相应的变换。

在变换选区结束后，可以按下 Enter 键确认变换效果，或者按下 Esc 键取消变换，使选区保持原状。

（4）反选与取消选区

对一些图像文件，可能不需要选取的区域会比需要选取的区域更容易被选取，这时就可以使用"反选"命令来反选图像。当不需要选取图像时，还可以取消选区。

反选选区是指选择图像中除当前选区以外的其他图像区域。在菜单栏中选择"选择"→"反选"命令，或者在选区中单击鼠标右键，在弹出的快捷菜单中选择"选择反向"命令，如图 5-79 所示。

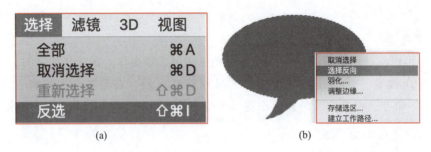

图 5-79　取消选区

当创建选区后，要取消选区，在菜单栏中选择"选择"→"取消选择"命令，即可取消选区，如图 5-80 所示。

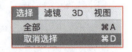

图 5-80　在 Photoshop 菜单中的取消选区命令

（5）羽化选区

羽化选区命令可以使选区边缘变得柔和，使选区内的图像自然地融入背景中。创建选区后，在菜单栏中选择"选择"→"修改"→"羽化"命令，打开"羽化选区"对话框，在"羽化半径"中输入羽化值，单击"确定"按钮即可羽化该选区，如图 5-81 所示。

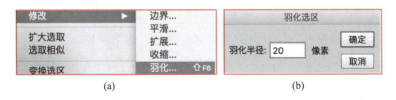

图 5-81　羽化选区

执行"羽化"命令后不能立即通过选区看到图像效果，需要对选区内的图像进行移动、填充等操作后才能看到图像边缘的柔化效果，如图 5-82 所示。

(a)   (b)

图 5-82　羽化选区的边缘模糊效果

（6）存储与载入选区

当创建选区后，如果需要多次使用该选区，则可以将其进行存储，在需要使用时再通过载入选区的方式将其载入到图像中。在菜单栏中选择"选择"→"存储选区"命令，打开"存储选区"对话框，如图 5-83 所示。

技巧：

"文档"下拉列表框：用于设置保存选区的目标图像文件。如果选择"新建"选项，则保存选区到新图像文件中。

"通道"下拉列表框：用于设置存储选区的通道。

"名称"文本框：输入要存储选区的新通道名称。

"新建通道"单选项：选中该单选项，表示为当前选区建立新的目标通道。

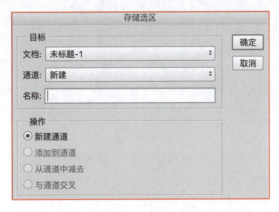

图 5-83　"存储选区"对话框

在载入选区时，只要在菜单栏中选择"选择"→"载入选区"命令，便可打开"载入选区"对话框。在"文档"下拉列表框中选择保存选区的目标图像文件，在"通道"下拉列表框中选择存储选区的通道名称，在"操作"栏中控制载入选区后与图像中现有选区的运算方式。完成后单击"确定"按钮，即可载入所需的选区。

12. 选区的填充与描边

选区编辑完成后，还可以对选区内的图像进行填充和描边，使选区更加美观。

（1）选区填充

填充选区是指以前景色、背景色或图案填充选区范围内的图像，其方法有使用"填充"命令和使用填充工具两种。

使用"填充"命令填充：使用"填充"命令可以对选区填充前景色、背景色、图案、快照等内容。在菜单栏中选择"编辑"→"填充"命令，将打开"填充"对话框。设置对话框中的参数后，单击"确定"按钮即可填充图像选区，如图 5-84 所示。

"使用"下拉列表框填充：在该下拉列表框中可以选择填充时所使用的对象，包括"前景色""背景色""颜色""图案""历史记录""黑色""50%灰色"和"白色"等选项，选择相应的选项即可使用相应的颜色或图案进行填充。

"自定图案"下拉列表框填充：当在"使用"下拉列表框中选择"图案"选项后，将激活该下拉列表框，用户可在其中选择所需的图案样式进行填充。

"模式"下拉列表框：在该下拉列表框中可以选择填充的混合模式。

"不透明度"文本框：用于设置填充内容的不透明度。

"保留透明区域"复选框：勾选该复选框后，进行填充时将不影响图层中的透明区域。

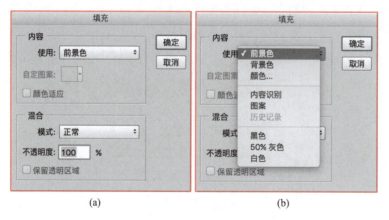

图 5-84　"填充"对话框

技巧：

设置好前景色或背景色后，按 Alt+Delete 组合键可以使用前景色填充图像选区，按 Ctrl+Delete 组合键可以使用背景色填充图像选区。

（2）使用渐变工具填充

使用渐变工具可以对图像选区或图层进行渐变填充。在工具箱中单击"渐变工具"按钮，打开其对应的属性栏。

"渐变色选择"下拉列表框：系统提供了 16 种颜色渐变模式。单击该下拉列表框面板右上角的按钮，在弹出的菜单中选择"载入渐变"命令，可以在打开的对话框中载入更多的渐变种类。

"渐变样式"按钮组 ▦▦▧▥▤：单击这些按钮可选择渐变样式。"线性渐变" ▦ 表示从起点到终点以直线方向进行颜色的逐渐改变；"径向渐变" ▦ 表示以圆形图案沿半径方向进行渐变；"角度渐变" ▦ 表示围绕起点按顺时针方向进行渐变；"对称渐变" ▤ 表示在起点两侧进行对称渐变；"菱形渐变" ▦ 表示从起点向外侧以菱形进行渐变，如图 5-85 所示。

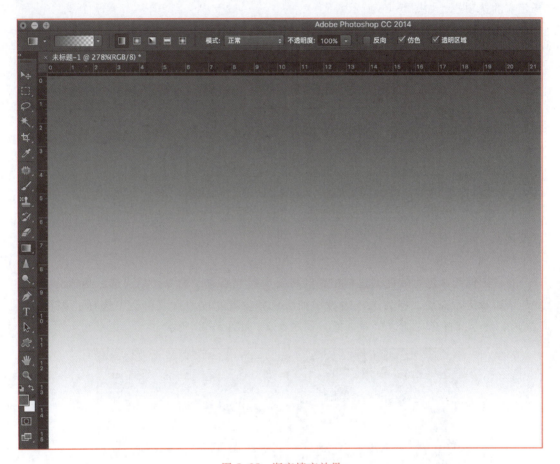

图 5-85　渐变填充效果

"模式"下拉列表框：用于设置填充渐变颜色后与其下方图像采用何种模式进行混合。各选项与图层的混合模式作用相同。

"不透明度"文本框：用于设置填充渐变颜色的不透明程度。

"反向"复选框：选中该复选框后产生的渐变将与设置的渐变顺序相反。

"仿色"复选框：选中该复选框，将使用递色法表现中间色调，使渐变效果更加平滑。

"透明区域"复选框：选中该复选框，可使用渐变的蒙版填充颜色。

技巧：

设置渐变颜色、样式和模式等参数后，将光标移动到图像窗口中的适当位置，按住鼠标左键拖动到另一位置后释放鼠标左键，即可应用渐变填充。需要注意的是，在进行渐变填时，拖动的起始点和拖动方向不同，或拖动长短不同，其渐变效果会有所不同。

（3）使用油漆桶工具填充

使用油漆桶工具可以对选区或图层填充指定的颜色或图案，其着色范围取决于临近像素的颜色与被单击像素颜色间的相似程度。在工具箱中单击"油漆桶工具"按钮 ，打开相应的选项栏，如图 5-86 所示。

| 前景 | 模式：正常 | 不透明度：100% | 容差：10 | □ 消除锯齿 | □ 连续的 | □ 所有图层 |

图 5-86　"油漆桶工具"选项栏

"填充"下拉列表框：用于设定填充的方式。若选择"前景"选项，则使用前景色填充；若选择"图案"选项，则使用定义的图案填充。

"图案"下拉列表框：用于设置填充时的图案。

"消除锯齿"复选框：选中该复选框，可去除填充后的锯齿状边缘。

"连续的"复选框：选中该复选框，将只填充连续的像素。

"所有图层"复选框：选中该复选框，可设定填充对象为所有的可见图层；取消选中该复选框，则只有当前图层可被填充。

（4）选区描边

在对图像选区进行处理的过程中，经常要用到"描边"命令。描边选区是指沿着创建的选区边缘进行描绘，即为选区边缘添加颜色和设置宽度。在菜单栏中选择"编辑"→"描边"命令，打开"描边"对话框，如图 5-87 和图 5-88 所示。

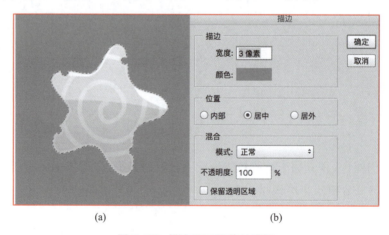

(a)　　　　　　　　　　　　　(b)

图 5-87　描边选区及其对话框

"宽度"文本框：在文本框中输入数值，设置描边的宽度。

"颜色"选择框：单击其右侧的颜色块，将打开"拾色器"对话框，在其中设置描边的颜色。

"位置"栏：用于选择描边的位置。选中"内部"单选按钮，表示在选区边框以内描边；选中"居中"单选按钮，表示以选区边框为中心描边；选中"居外"单选按钮，表示在选区边框以外描边。

"模式"下拉列表框：用于设置描边的混合模式。

"不透明度"文本框：用于设置描边的不透明度。

"保留透明区域"复选框：选中该复选框，则描边时不影响原来图层中的透明区域。

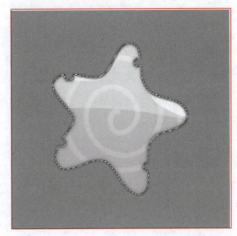

图 5-88 描边选区效果

13. 图层的基本操作

（1）新建图层

新建图层主要包括新建空白图层、通过复制新建图层及通过"新建"命令新建图层等。以下是新建图层的几种方法。

① 新建空白图层。

新建空白图层的方法很简单，主要有以下两种。

- 单击"图层"面板底部的"创建新图层"按钮 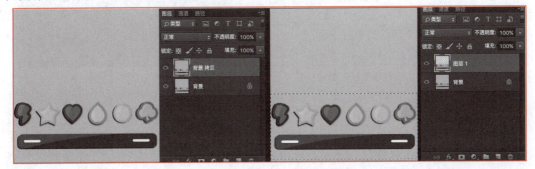 即可新建空白图层。
- 在菜单栏中选择"图层"→"新建"→"图层"命令即可新建空白图层。

技巧：

新建的图层以"图层 N"为默认名显示（其中 N 为阿拉伯数字，从 1 开始）。

② 通过复制新建图层。

在处理图像文件时，为了避免对原图编辑失误，可以利用"通过拷贝的图层"命令创建图层。在图像中创建选区，在菜单栏中选择"图层"→"新建"→"通过拷贝的图层"命令，或按 Ctrl+J 组合键，即可将选区中的图像复制到新建图层中；如果没有创建选区，在执行上述操作时，将复制当前图层，如图 5-89 所示。

图 5-89 通过选区复制新建图层

③ 通过用"新建"命令新建图层。

在菜单栏中选择"图层"→"新建"→"图层"命令，或在按住 Alt 键的同时单击"图层"面板底部的"创建新图层"按钮▣，打开"新建图层"对话框，在该对话框中设置新建图层的名称、颜色、模式、不透明度等，然后单击"确定"按钮，即可创建一个预设了图层属性的新图层，如图 5-90 所示。

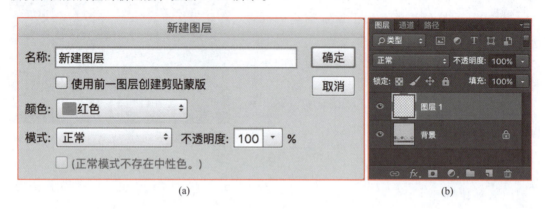

(a)   (b)

图 5-90   "新建图层"对话框

④ 新建背景图层。

在菜单栏中选择"文件"→"新建"命令新建文档时，在"新建"对话框的"背景内容"下拉列表中，可以根据需要选择创建具有"白色""背景色""透明"等背景的文档，如图 5-91 所示。

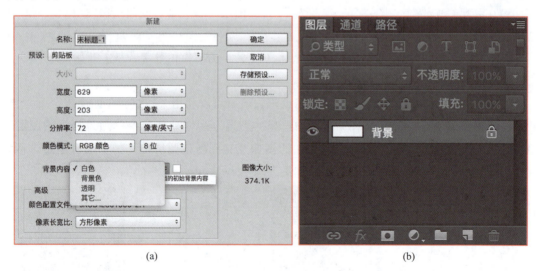

(a)   (b)

图 5-91   "新建"画布对话框

此外，在删除了"背景"图层或文档中没有"背景"图层的情况下，选中文档中需要设置为"背景"图层的图层，在菜单栏中选择"图层"→"新建"→"背景图层"命令，即可将其转换为"背景"图层，如图 5-92 所示。

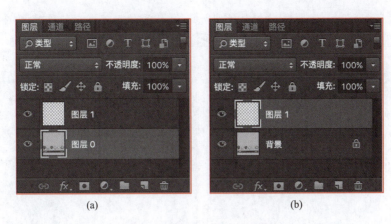

(a)　　　　　　　　(b)

图 5-92　图层转换为背景图层

（2）重命名图层

为了便于区分图层，用户还对可以对图层重命名。为图层重命名的方法主要有以下几种。

① 在"图层"面板中双击图层名称，当其呈可编辑状态时输入新名称，如图 5-93 所示。

② 在图层名称上单击鼠标右键，在弹出的快捷菜单中选择"图层属性"命令。在打开的"图层属性"对话框的"名称"文本框中输入新名称后，单击"确定"按钮。

图 5-93　图层命名

14. 图层的编辑

用户可以对图层进行编辑操作，如移动与排列图层、复制与删除图层、链接图层、对齐与分布图层、合并与层组图层、隐藏与锁定图层等。通过这些编辑操作，可以将图像修饰得更加符合要求。

（1）图层的移动与排列

① 图层的移动。

在 Photoshop 中可以移动一个图层，也可以同时移动多个图层。使用工具箱中的"移动工具" 即可移动一个图层。按住 Ctrl 键不放，单击选择要一起移动的图层，将其同时选中后，使用"移动工具" ，即可在图像窗口中移动所选图层，如图 5-94 所示。

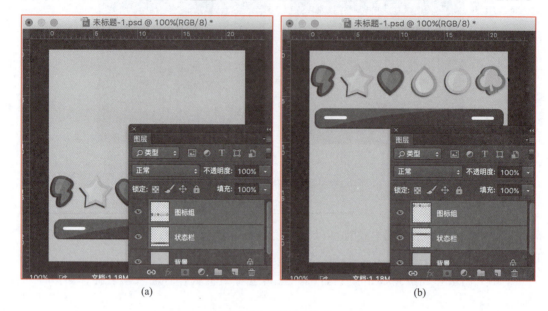

图 5-94   图层的移动

② 图层的排序。

"图层"面板中的所有图层都是按一定顺序叠放的，图层顺序决定了图层在图像窗口中的显示顺序。对图层进行排序的方法很简单，只需在"图层"面板中选择需要调整叠放顺序的图层，然后按住鼠标左键将其拖动到目标位置，当出现一条双线时释放鼠标左键即可，如图 5-95 所示。

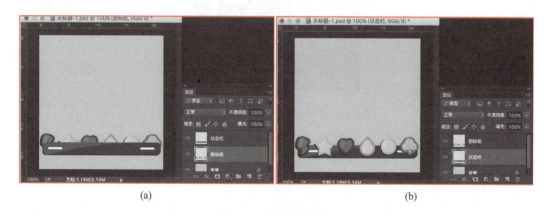

图 5-95   图层的排序

（2）图层的复制与删除

① 复制图层。

复制图层可以得到相同的图层及其中的图像，是使用 Photoshop 进行图像处理和编辑时的常用操作。在"图层"面板中选择需要复制的图层，在其上按住鼠标左键并拖动，当光标呈手形显示时，将其移动到 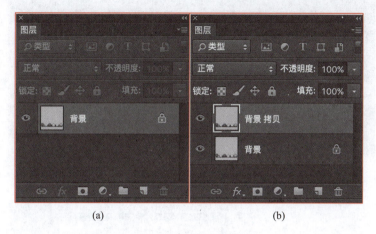 按钮上，释放鼠标左键后将得到复制的副本图层。

复制的图像将与原图像完全重叠。不过，在"图层"面板中，复制的图层将在原来名称的基础上加上"拷贝"字样，以示区别，如图 5-96 所示。

(a)　　　　　　　　　　　(b)

图 5-96　复制图层

除此之外，选择需要复制的图层后，通过以下几种方法也可以完成复制图层的操作。

- 选择需要复制的图层，然后单击"图层"面板右上角的 按钮，在弹出的下拉菜单中选择"复制图层"命令即可。
- 使用鼠标右键单击需要复制的图层，在弹出的快捷菜单中选择"复制图层"命令即可。
- 单击工具箱中的"移动工具"按钮 ，然后在按住 Alt 键的同时拖动该图层即可。
- 在没有创建选区的情况下，按 Ctrl+J 组合键可以快速为当前的图层创建副本图层。

② 删除图层。

如果需要将图像文件中多余的图层删除，可以通过以下几种方法实现，如图 5-97 所示。

- 在"图层"面板中选择要删除的图层，单击 按钮。
- 在"图层"面板中选择要删除的图层，将该图层拖曳到 按钮上。
- 仅用鼠标右键单击需要删除的图层，在弹出的快捷菜单中选择"删除图层"命令。
- 选择要删除的图层，然后在菜单栏中选择"图层"→"删除"→"图层"命令。

（3）图层的自动对齐

使用图层的自动对齐功能，可以根据不同图层中的相似内容自动对齐图层，也可以让 Photoshop 自动选择参考图层，使其他图层与参考图层对齐。

在"图层"面板中选择需要对齐的图层后，在菜单栏中选择"编辑"→"自动对齐图层"命令，将打开"自动对齐图层"对话框，在其中根据需要进行设置后，单击"确定"按钮即可完成图层的自动对齐操作，如图 5-98 所示。

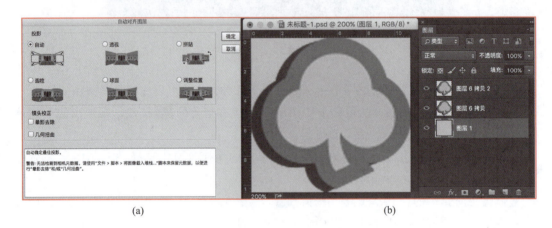

图 5-97　删除图层

图 5-98　自动对齐图层

"自动"单选按钮：选中该单选按钮，系统将分析源图像，然后自动应用"透视"或"圆柱"方式对齐图层。

"透视"单选按钮：选中该单选按钮，可以通过将源图像中的一个图像指定为参考图像来创建一致的复合图像，然后变换其他图像，以便匹配图层的重叠内容。

"拼贴"单选按钮：选中该单选按钮，可以对齐图层并匹配重叠内容，而不更改图像中对象的形状。

"圆柱"单选按钮：选中该单选按钮，可以通过在展开的圆柱上显示多个图像来减少在"透视"版面中出现的扭曲，适用于创建宽的全景图。

"球面"单选按钮：选中该单选按钮，可以指定某个源图像作为参考图像并对其他图像执行球面变换，以便匹配重叠的内容。

"调整位置"单选按钮：选中该单选按钮，可以对齐图层并匹配重叠内容，但不会变换任何源图层。

"晕影去除"复选框：选中该复选框，可以对图像边缘尤其是角落比图像中心暗的镜头缺陷进行补偿。

"几何扭曲"复选框：选中该复选框，可以补偿桶形、枕形或鱼眼图像失真。

技巧：

在菜单栏中选择"编辑"→"自动混合图层"命令，可以根据需要对每个图层应用图层蒙版，遮盖过度曝光或曝光不足的区域或内容差异，以创建无缝复合。

（4）图层的链接、对齐与分布

① 链接图层。

选择需要链接的多个图层后，单击"图层"面板底部的"链接图层"按钮 ，或在菜单栏中选择"图层"→"链接图层"命令，即可快速链接所选图层。

在"图层"面板中选择一个链接的图层后，所有与之链接的图层都将显示 图标。对链接图层中的任意图层进行操作，其他链接图层也将同时发生变化。选择被链接的图层，单击"图层"面板中的 按钮可将该图层从链接中取消，如图 5-99 所示。

图 5-99　链接图层

② 对齐图层。

对齐图层是指将两个或两个以上图层中的非透明图像以不同的方式进行对齐。选择需要对齐的图层后，在菜单栏中选择"图层"→"对齐"命令，在弹出的"对齐"子菜单中可以选择顶边、底边、左边、垂直居中、右边等对齐方式。

技巧：

单击工具箱中的"移动工具"按钮 ，在选项栏中 单击相关按钮，即可快速实现图层的顶边、垂直居中、底边、左边、水平居中和右边对齐。

③ 分布图层。

分布图层是指将 3 个以上图层中的非透明图像以不同的方式在图像窗口中进行分布，其操作方法与对齐图层相似。在"图层"面板中选择 3 个以上的图层后，在菜单栏中选择"图层"→"分布"命令，在弹出的子菜单中选择所需的分布方式即可。

（5）图层的合并和层组

用户可以将编辑好的多个图层合并成一个图层，以减小文件的大小。如果要对图层进行统一编辑，还可以将图层进行层组。

① 合并图层。

在默认的 PSD 图像文件中，各个图层都会被分开保存下来，图层越多，文件就越大。用户可以将编辑好的图层进行合并，以减小文件的大小，如图 5-100 所示。

选择需要合并的图层后，单击"图层"面板右侧的 按钮，在弹出的菜单中选择合并图层的相关命令即可。

合并图层：选择该命令，可以合并被链接或选择的多个图层。

合并可见图层：选择该命令，可以合并除隐藏图层以外的所有图层。

拼合图像：选择该命令，可以将所有可见图层合并到背景中且去掉隐藏的图层，并以白色填充所有透明区域。

② 层组图层。

层组图层是指将多个图层放置在一个图层组中，以便对多个图层进行移动、复制和删除等操作。创建图层组的方法很简单，只需要单击"图层"面板底部的"创建新组"按钮 即可，如图 5-101 所示。

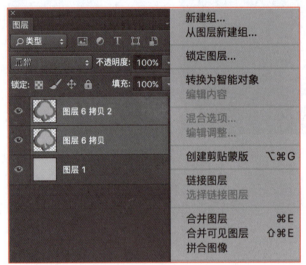

图 5-100　合并图层

图 5-101　层组图层

此外，用户也可以在"图层"面板中选择需要层组的图层，然后按住鼠标左键，将其拖动到"图层"面板底部的"创建新组"按钮 上，释放鼠标左键后将为选择的图层创建组。

（6）图层的隐藏与锁定

在 Photoshop 中，用户可以隐藏暂时不需要编辑的图层，使图层中的图像不在窗口中显示且不能对其进行编辑。此外，还可以将编辑完成的图层进行锁定，保护被锁定部分的图像文件。

① 隐藏图层。

在"图层"面板中，单击图层名称左侧的 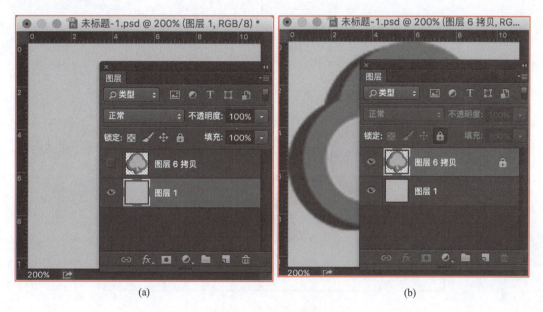 图标，可以将图层隐藏，即在图像窗口中不显示该图层的内容，如图 5-102 所示。

将图层隐藏后，再次单击该图层名称左侧的空白框，可以取消该图层的隐藏，在图像窗口中显示该图层的内容。

② 锁定图层。

在"图层"面板中，单击"锁定全部"按钮 可以将图层完全锁定，图层名称右侧将出现一个 图标。

| (a) | (b) |

图 5-102　隐藏图层

5.2.3　任务实施

1. 对局部图像进行变形

对于同一个图层的图像来说，要想变形局部图像，首先要选择该局部图像。然后按 Ctrl+T 快捷键显示变换框后，单击工具选项栏中的"变形"按钮，即可对选区内的图像进行变形，如图 5-103 所示。

2. 快速提取游戏角色图像

在游戏角色 UI 设计中，经常会对背景较为简单的复杂角色图像进行快速提取工作。在 Photoshop 中，选取工具与"调整边缘"命令相结合，即可快速地进行提取。

(a) 　　　　　　　　　　　　　　　(b)

图 5-103　游戏界面中的局部图像变形

使用"魔棒"或者"快速选择"工具,在背景上点击,如图 5-104 所示,可以选取背景的纯色并删除,得到带透明背景的游戏角色图像,如图 5-105 所示。

图 5-104　带纯色背景游戏角色

图 5-105　透明背景游戏角色

3. 按照要求设置图像尺寸、色彩、选区和图层，设计制作游戏注册登录界面

根据注册登录界面的所有元素和图片，设计制作游戏注册登录界面，如图 5-106 所示。

图 5-106 《青云志》游戏注册登录界面

5.3 矢量图基础

矢量图基础

PPT

5.3.1 知识准备

矢量图素材（也称为向量图）文件，是计算机采用点、直线或者多边形等基于数学方程的几何图元表示的图像。其优点是无论放大、缩小或旋转等都不会失真；缺点是难以表现色彩层次丰富的逼真图像效果。

设计师在选择或准备矢量图素材时，需要注意以下内容。

① 注意文件的版本号，矢量文件对版本很敏感，通常低版本软件打不开或者无法置入高版本的矢量文件。因此，设计师自己制作的矢量素材，保存时最好选择低版本的格式。例如，在版本为 CC 的 AI 软件中绘制了某素材，在保存的时候，可以选择版本为 CS6 的格式。这样，当把素材复制到其他计算机上使用时，就能避免因为计算机中软件版本过低而无法使用的麻烦。

② Photoshop 能直接打开 EPS、AI 等矢量格式的文件，但是打开后的文件是栅格化的图像，全部图像合并成一个图层。如果需要在 Photoshop 中使用分层的矢量文件，则需要在 Illustrator 软件中将图像导出为 Photoshop 默认的 PSD 格式的文件。

③ Photoshop 中可以使用钢笔工具 或者自定义形状工具 创建矢量图形。

5.3.2　技能准备

1. Photoshop 中输出 EPS、 AI 格式

在 Photoshop 中创建的矢量图形可以直接输出 EPS、AI 格式，在 Illustrator 中可直接使用。在菜单栏中选择"文件"→"存储为"命令，在打开的"存储为"对话框中选择"格式"→"Photoshop EPS"即可完成 EPS 格式的输出，如图 5-107 所示。

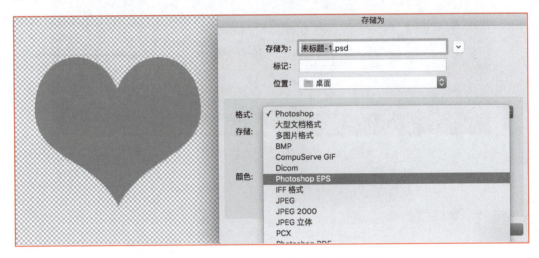

图 5-107　在 Photoshop 中存储为 EPS 格式

在菜单栏中选择"文件"→"导出"→"路径到 Illustrator"命令，如图 5-108 所示，即可完成 AI 格式的输出，如图 5-109 所示。

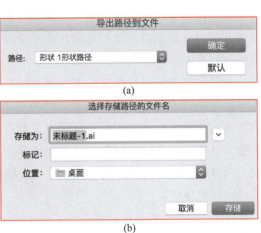

(a)

(b)

图 5-108　导出 Illustrator 路径　　　　　　　图 5-109　AI 格式的输出

2. Illustrator 中输出 Photoshop 的格式文件

在 Illustrator 中的图形形状可以直接采取"复制"/"粘贴"的方式到 Photoshop 中使用。

在 Illustrator 选择形状，在菜单中选择"编辑"→"复制"命令，打开 Photoshop 新建文件，在菜单中选择"编辑"→"粘贴"命令，在"粘贴"对话框中"粘贴为"区可选中"智能对象""像素""路径"或"形状图层"任一单选按钮，如图 5-110 所示。

图 5-110　Illustrator 形状"复制/粘贴"到 Photoshop 的对话框

5.3.3　任务实施

圆角三角形游戏出发按钮制作。在 Illustrator 使用"多边形形状工具"，在画布中间单击鼠标左键，打开"多边形"对话框，在其中将边数设置为"3"，得到一个三角形。使用"直接选择工具"调整三角形的圆角，复制 3 个相同的三角形下，缩放及调整颜色，制作高光，颜色为白色，不透明度为"15%"，如图 5-111 所示。

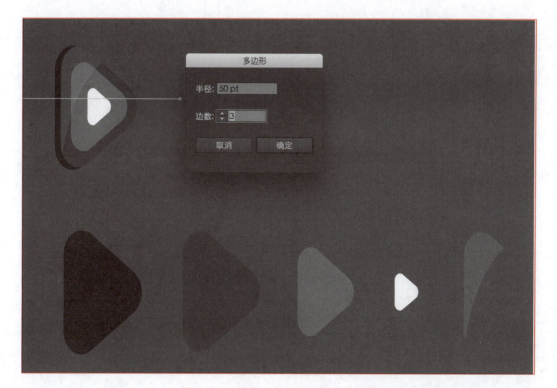

图 5-111　圆角三角形按钮制作分解图

本章小结

　　本章讲解了游戏 UI 设计软件 Photoshop 和 Illustrator 的基本知识，包括 UI 设计软件基础功能、图像编辑功能的使用、矢量图基础 3 个部分。涵盖了 Photoshop 油漆桶工具、Photoshop 形状工具、Photoshop 画笔工具、Photoshop 文字工具、Photoshop 滤镜、Photoshop 图像大小、Photoshop 图像的变换操作、Photoshop 颜色模式、Photoshop 选区、Photoshop 图层、Illustrator 矢量图等知识点，以及与以上知识点相对应的相关技能点，是 UI 设计岗位的必备的软件使用基础知识和必须掌握的软件基本技能。

第6章 游戏UI基础设计

6.1 设计 UI 按钮

在没有图形化界面的年代，是通过使用按钮来实现复杂的命令，将算法和功能隐藏在一个按钮背后，让电器、汽车或者系统发挥作用。在 *Power Button* 一书中，Rachel Plotnick 回溯了整个按钮文化的起源，在书中，他认为是按钮推动了数字技术，让复杂的命令通过轻松、便捷的方式在生活中得以普及，如图 6-1 所示。

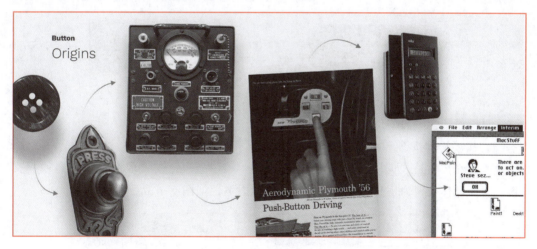

图 6-1 柯达相机广告

即使在今天，足够便捷的按钮设计，也是吸引用户的原因，如 iPhone 的 home 键。通过简单的触摸、按下来完成任务，让用户享受到强烈的即时满足感。尽管成千上万的数字产品和家电开始使用触摸屏，但是物理按钮还没有消失，而虚拟的按钮更是交互的基础设施。实体按钮在过去一个世纪里所塑造的体验和认知根深蒂固，它所塑造的习惯、认知和文化影响着设计的直观性和易用性。

以下是不同类型的按钮、状态和交互。单选按钮，选项卡，复选框和其他类型的按钮暂不在此讨论。

6.1.1　知识准备

1. UI 按钮

UI 设计中的按钮传达给用户的是直接的、可执行性的操作，它们通常会存在于整个 UI 界面体系当中，从各种对话框、窗口到工具栏。

2. 按钮的类别

（1）行为按钮

在设计过程中，行为按钮通常会提示用户注册/立即购买等。在产品设计中，如果强烈建议用户应该做的事情应该使用行为按钮，如图 6-2 所示。

行为按钮通常使用圆角按钮，这样会更引人注目。

（2）主要操作按钮

主要操作按钮应该是一个强大的视觉指示器，可以帮助用户完成他们的操作。主要操作按钮在用户想要执行"下一步""完成""开始"等命令情况下使用，如图 6-3 所示。

图 6-2　行为按钮　　　　图 6-3　主要操作按钮

主要操作按钮一般使用实心按钮。

（3）次要操作按钮（辅助按钮）

次要操作按钮是"返回"到主要操作按钮的"下一步"，或"取消"按钮到"提交"按钮。次要操作按钮为用户提供主要操作的替代方案，如图 6-4 所示。

图 6-4　次要操作按钮

在游戏 UI 中，经常使用线性按钮或文本链接作为次要操作按钮。

（4）三级操作按钮

三级按钮通常用于其他重要的操作，但可能不是用户当时想要做的事情，如"添加朋友""阅读更多""编辑"或"删除"，但是它们不是主要操作，如图 6-5 所示。

图 6-5　三级操作按钮

3. 按钮配色和造型

在设计按钮时，需要考虑以下几个不同的元素。

（1）颜色

在设计按钮时，首先要考虑按钮的识别性。为确保每个人都可以访问所采用的颜色，必须检查按钮的对比度，如图 6-6 所示。

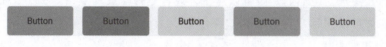

图 6-6　不同颜色的按钮

在选择颜色时应该考虑色彩心理学。红色按钮多用于删除，黄色按钮多用于警示等，如图 6-7 所示。

图 6-7　不同颜色按钮的意义

（2）椭圆半径

椭圆半径为按钮提供了很多个性化设计。越大椭圆半径的按钮看起来越有趣，如图 6-8 所示。

图 6-8　椭圆半径按钮

（3）投影

按钮上的投影使按钮像立在页面上一样，能够吸引用户注意。投影也可用于指示不同的状态。通过使按钮在悬停时投影更深来实现这一点，如图 6-9 所示。

图 6-9　投影按钮

（4）文本样式按钮

文本样式按钮要考虑字体以及阅读的容易程度。当选择字体时，需确保它清晰可辨，如图 6-10 所示。

图 6-10　文本样式按钮

以下是一些简单的方法可以使字体清晰易读：

① 选择大写的标签或大标题。

② 确保标签颜色与按钮填充对比较为突出。

③ 当选择字体时，请确保字体清晰易读。

4. 按钮的状态和反馈

按钮状态让用户知道他们是否可以点击，或者是否已成功点击。另外，有的按钮可以具有重叠状态如可以同时"点击"和"悬停"。

（1）点击和禁用状态

点击状态就是鼠标可以点击按下按钮的状态，如果用户没有完成必要的步骤，该按钮可以被禁用。例如用户没有输入他们的姓名和电子邮件地址，就不能提交他们的详细信息。

（2）悬停和悬停离开

在 PC 端按钮应具有不同的状态，让用户知道它是可点击的。通常"悬停"状态和"悬停离开"状态相反，应该通过有效地区分让用户感知鼠标悬停在某个按钮上，如图 6-11 所示。

平板电脑和移动设备上永远不会出现悬停状态，因为手指无法"悬停"，如图 6-12 所示。

图 6-11　按钮的悬停状态　　　　　　　　图 6-12　按钮的两种状态

（3）焦点

按钮需要有一个"焦点"状态才能显示它是"可点击的，但尚未点击"。焦点状态的另一个示例是在单击输入字段时，如果要开始输入，只有从开始处输入字段。默认的焦点状态是蓝色"发光"，大多数设计师对悬停和焦点状态使用相同的视觉提示，如图 6-13 所示。

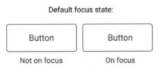

图 6-13　按钮的发光状态

5. 按钮标签

按钮标签必须保持一致性。在产品设计前期需要制定按钮标签的规范，以避免以后花费更多的时间去修改所有的按钮标签。

（1）使用动词

大多数按钮包含动词以指示按钮将执行的操作，如"保存""发布""编辑"等。虽然"Back"和"Next"不是动词，但在界面的上下文中它们以相同的方式工作。在很多情况下，编写按钮标签要保留"动词"+"名词"结构，使动作更具说明性，如"保存帖子"，而不是"保存"，如图 6-14 所示。

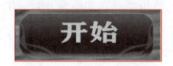

图 6-14 游戏开始按钮

（2）一致性

为按钮编写标签时，需确保一致性。以下是项目使用的指导原则，示例如图 6-15 所示。

① 选择字数：每个按钮使用一个、两个或多个字。

② 选择大小写：句子大小写，或大写，或标题大小写，或小写。

③ 标签结构：如"动词"+"名词""名词"或"动词"等。

图 6-15 标签按钮示例

6.1.2 技能准备

1. 实心按钮制作

实心按钮是带有实心填充的按钮，如图 6-16 所示。

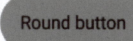

图 6-16 实心按钮

2. 线条和幽灵按钮制作

线性按钮和实心按钮正好相反，一个没有填充的按钮，只是一个轮廓。线性按钮一般为浅色（在白色背景下按钮的轮廓和文本颜色深一点更明显），幽灵按钮一般为深色（在黑色背景下按钮的轮廓和文本颜色浅一点更明显），如图 6-17 所示。

图 6-17　线条按钮和幽灵按钮

3. 圆角按钮制作

圆角按钮其边缘设置为最大圆角半径，如图 6-18 所示。

4. 浮动动作按钮

浮动动作按钮是一种巧妙的设计模式，虽然它们看起来像一个图标按钮，但它们实际上用于屏幕上的主要操作，如图 6-19 所示。

5. 带图标的标签按钮制作

图标按钮越来越受欢迎，但是一些按钮仍然需要一个标签来确保按钮的语意明了，如图 6-20 所示。

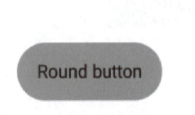

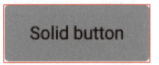

图 6-18　圆角按钮　　　　图 6-19　浮动动作按钮　　　　图 6-20　带图标的标签按钮

处理图标和标签时最棘手的事情是弄清楚字体组合的图标有多大，需要根据用户的需求进行调整，示例如图 6-21 所示。

图 6-21　字体组合的图标按钮示例

6. 图标按钮

图标按钮没有标签，只有一个图标。由于没有标签，会比较节省空间，如图 6-22 所示。

图 6-22　图标按钮

6.1.3　任务实施

《青云志》游戏界面"进入仙界"按钮的设计与制作，如图 6-23 所示。

图 6-23　《青云志》进入仙界界面

在游戏界面设计中，游戏按钮的造型设计、配色风格必须符合游戏的整体风格。例如图中的"进入仙界"按钮，结合水晶质感、古风配色的图层渐变叠加、高光制作等步骤来实现按钮与游戏的风格匹配，如图 6-24 所示。

图 6-24　《青云志》进入仙界的界面按钮

① 使用"矩形形状"工具，绘制按钮的基本形状，如图 6-25 所示。

图 6-25   绘制按钮的基本形状

② 复制"矩形形状"图层，按比例缩放，填充颜色，如图 6-26 所示。

图 6-26   按钮颜色填充

③ 为上层的"矩形形状"图层添加颜色渐变叠加效果，如图 6-27 所示。

(a)   (b)

图 6-27   按钮颜色渐变叠加

④ 依次为按钮添加从上到下和从下到上的多层高光，使按钮产生水晶效果，如图 6-28 所示。

⑤ 添加"进入仙界"文字，调整文字的字体、字号、颜色。为文字添加描边、阴影等效果，如图 6-29 所示。完成按钮制作。

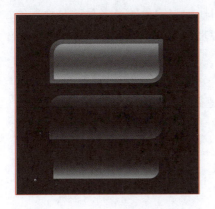

图 6-28 按钮图层效果叠加   图 6-29 按钮文字设置

6.2 功能图标的设计

图标（icon）在广义上一般是指计算机图形交互界面中的象形图（pictogram）或者表意字（ideogram）。无论它是一种怎样的形态，其目的都是帮助用户更好、更方便地熟悉和使用复杂的计算机系统。

随着计算机行业的不断发展，人机交互行为也变得多态化，而图标作为图形用户界面的控件之一，从产品品牌效应、用户的体验感知，再到创作者想要传达的文化内涵，或者是其他更多的信息，图标设计成为了界面设计中的重要内容。

从产品的角度来说，一个完整的软件产品设计，不仅仅包含了应用程序入口图标的设计，更有非常多的图形交互界面图标（控件）设计。同时，它们所被赋予的"使命"是不同的，既要遵循既定的设计规范（美学程度和开发环境规范），还要符合产品本身的价值所在。

游戏图标的设计是以游戏设计的期望"体验"的过程为核心，玩家的实际"体验"为主体的设计。

6.2.1 知识准备

1. 图标的状态

图标状态的变化，可以说是最简单的一种行为激发模式：可以点击的、当前选中的、需要吸引眼球的重点功能的图标视觉突出，对于其他不符合当前功能逻辑的、次要的则进行视觉弱化。对于普通应用程序图标的设计，目的仅在于想要激发用户的某种行为，来引导用户，或者迫使用户学习，从而更好地让用户熟悉和了解当前应用产品的功能与服务。

　　游戏图标的行为激发的出发点则有些复杂，不同的游戏所期望激发的玩家行为是不同的。相对于普通应用程序来说，游戏 UI 中图标行为的激发更多目的是让玩家去产生或者获得"体验"，从而推动游戏流的前进，或者是用于改变玩家的行为目的等。

2. 图标设计的原则

　　一致性，是指相同功能类型的图标都要遵循既定的设计规则。该规则包含但不限于造型风格、用色、布局大小以及类型划分。通常都会称某应用程序内的系列图标为"一套图标"，这里的"一套"，即一致性的体现。

　　通常来说，一致性的规则如何订制，都是由产品诞生前（或者版本迭代前）最初的定位规划主导的，也就是说，不管是游戏还是普通程序，只要风格定夺好，在版本计划内一般是不会出现一致性规则变动的。

　　在一致性的基础上，图标还需要达成易识别性。易识别性则是指图标要尽量抽象概括出所要担任的功能职责，最好能让用户做到"看到即联想，联想即预期"。如果图标的功能职责比较复杂或者相似，那么还可能需要形状，颜色，文字、动画等因素配合，甚至是牺牲部分一致性，来最尽可能地提升认知容错率，降低认知成本。在某种程度上，一致性与易用性原则可以说是检验界面设计师设计素养是否过硬的重要标准。

6.2.2　技能准备

1. 游戏图标设计的美术风格选择

　　如图 6-30 所示截图自游戏《符石守护者》（Runestone Keeper），是一款魔幻风格的游

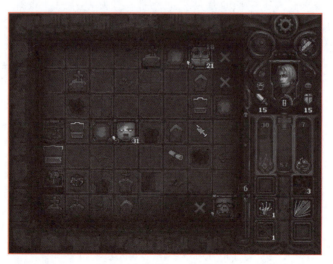

微课
功能图标的设计 2

图 6-30　《符石守护者》游戏

戏，玩法有点类似"扫雷"，它的游戏界面（图标）整体颜色偏向低明度（黑暗，紧张），容易带来情绪的压迫感。图标的造型充满魔法元素，种种因素联系在一起，契合了游戏自身的风格。

星露谷物语作为一款休闲养成类游戏，如图 6-31 和图 6-32 所示，用色自然不可能偏暗偏灰，高纯度和明度的游戏界面（图标）会让人感受到愉悦与活泼。

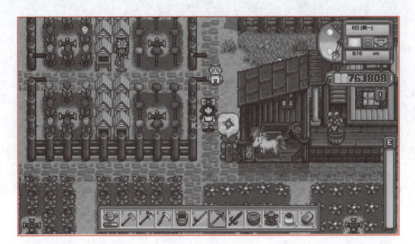

微课
功能图标的设计 3

图 6-31　《星露谷物语》（Stardew Valley）

图 6-32　《星露谷物语》（Stardew Valley）的收集展示界面

玩过《奥日与黑暗森林》游戏的玩家应该都有印象，在 Ori 的技能树中，凡是被激活的技能图标都会燃起"灵魂之光"，这比单纯的改变一下图标颜色状态要更有视觉冲击力和活力，如图 6-33 所示。

《保利桥》这款游戏整体风格清新休闲，所以用色纯度整体稍低，3D 模型采用的是简洁的低分面风格，游戏的图标也没有美术造型上"过分"地渲染，更没有冒火冒光的强烈

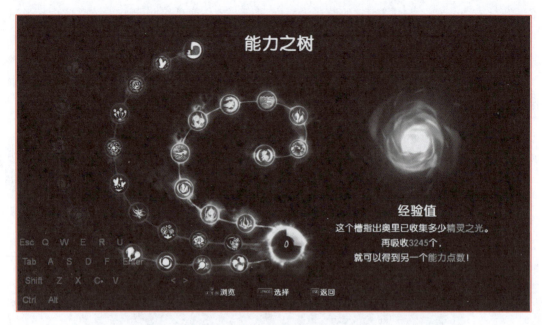

图 6-33　《奥日与黑暗森林》（Ori And The Blind Forest）

特效，清新和谐，如图 6-34 所示。毕竟整个游戏的重心在于研究、试验桥梁的建造体验。玩家的注意力应当时刻处于画面中部的桥梁建造界面，任何多余的图标视觉效果都容易抢走这种珍贵的注意力：

　　　桥梁建造>建造道具=桥梁信息>建造功能>系统功能>其他。

微课
功能图标的设计 4

图 6-34　《保利桥》（Poly Bridge）

　　按照上面玩家投入注意力的大到小比重排列来看，可以清晰地感受到界面（图标）上的图标风格层次变化，如图 6-35 所示。

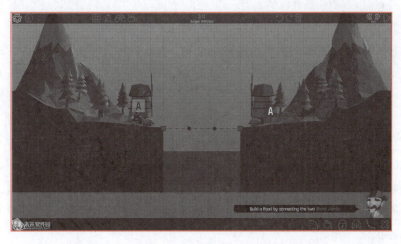

图 6-35   《保利桥》（Poly Bridge）的桥梁建造界面

《挺进地牢》是一款弹幕射击游戏，游戏讲述了帝国士兵、猎人、罪犯、飞行员、电脑人以及子弹仔 6 个性格能力迥异的角色，想要寻找神秘地牢中一把能"杀死过去"的枪，从而改变自己过去失败的故事。游戏的核心内容是各式各样的效果差异巨大的枪支和能提供丰富效果加成的神奇道具。它的图标道具设计的亮点在于一改平时游戏中道具图标中规中矩的布局：各种枪支道具有大有小，有高有低，甚至排列顺序也没有太多讲究，如图 6-36 所示。

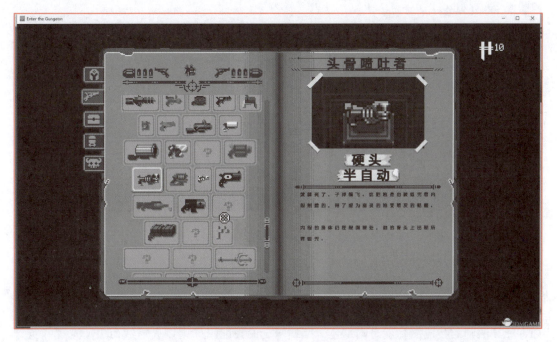

图 6-36   《挺进地牢》（Enter the Gungeon）

这种打破设计规则的细节设计，在一定程度上可以使玩家体会到一种"枪支多样、火力丰富、趣味性高、收集感强"的感受，倘若所有的枪支都要框死在一个固定大小的道具格子中，这种"体验"会被大大地削弱。

对于不是强调画面光影、镜头效果等强视觉空间元素的游戏，像素风格是不错的选择，它不仅可以节省大量的屏幕上的空间资源，还可以提供一种诙谐、趣味性浓厚的感觉。而写实的美术风格，往往会有真实、严肃的、贴近生活的、代入感强烈的效果。如果期望游戏能产生类似的体验，则可以选择写实风。

在游戏的开发过程中，通过各式各样的风格混搭，会产生不同的体验效果，就好像调制鸡尾酒一样。游戏的策划以及美术设计正是利用这一点，根据实际的"体验"传达需求，来将不同的美术风格效果组合。这也就是为什么"游戏界面（图标）眼花缭乱，风格各异"的原因之一。

2. 游戏 UI 图标功能分类

从游戏的整个流程来看，图标分为功能性的图标、技能图标、物品图标、徽标设计、装备图标。

游戏功能图标，顾名思义，就是系统功能的入口。对于它来说，识别性是第一位的，如角色、任务、帮派这些菜单栏的按钮就是典型的功能性图标。它含有极强的"隐喻"在里面，看起来比较抽象。所以，很多功能图标在下面加上"文字注解"，从而强化理解，如图 6-37 所示。

图 6-37　游戏 UI 功能图标

游戏技能图标区别于功能性的图形表达，此类图标一般都会伴有强烈的特效，如图 6-38 所示。通常，在设计的过程中会加上动态的特效：反映角色的状态（BUFF），表现能量释放前的趋势和表达强烈的存在感。有些时候，不同的英雄会有不同的属性特点。例如，死灵法师的技能图标就是幽绿色，蝙蝠骑士的技能图标则以火焰红为主。这既和英雄的特点有关，又有隐含着角色背后的故事。

图 6-38　游戏 UI 技能图标

物品图标对应游戏中的"打装备、升等级"。装备与物品能给玩家带来很强的成就感。游戏 UI 里最直观的就属物品图标了：单纯地表达物体，不需要用像画游戏原画那样体现所谓的氛围，如图 6-39~图 6-41 所示。

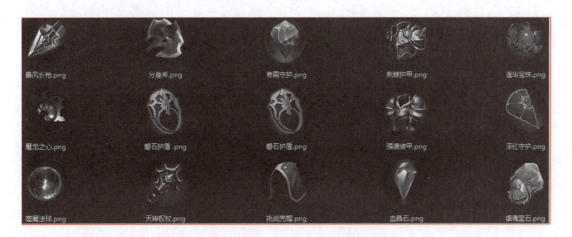

图 6-39　游戏 UI 物品和装备图标 1

图 6-40　游戏 UI 物品和装备图标 2

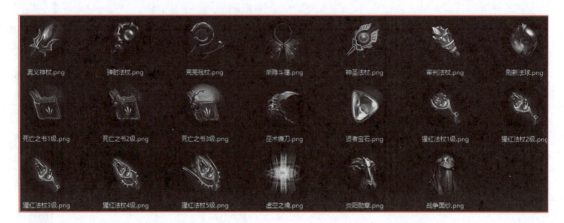

图 6-41　游戏 UI 物品和装备图标 3

　　游戏 UI 中的徽标设计需要非常的精致，会起到良好的装饰效果，是一个锦上添花的过程。徽标设计表达着游戏世界背后的故事、理念，可以有效地提升游戏的品质，如图 6-42 所示。

图 6-42　游戏 UI 徽标图标

6.2.3　任务实施

　　游戏 UI 图标设计有一套完整的流程，掌握了具体的设计步骤，可以提升设计效率。其过程大致分为以下 5 个步骤：

　　（1）草稿

　　即在短时间内绘制大量的草图、外观的剪影。这个时候可以尽情天马行空地想象。此时修改的成本很低，可以根据同一主题绘制多版本图标。

　　（2）线稿

　　这一阶段是对草稿的归纳，需要细化图标的花纹和轮廓走向。在设计过程中可以考虑一些元素的夸张和变形，如图 6-43 所示。

（3）平涂

用 Photoshop 的钢笔工具勾出轮廓，确定物体的固有色，并区分颜色的层级，如图 6-44 所示。

图 6-43　金币起形

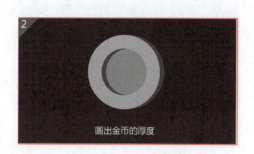

图 6-44　金币基础形

（4）细节刻画

添加色彩关系、塑造体积、细节、质感，即塑造大概的形体，如图 6-45 和图 6-46 所示。

图 6-45　小剑起形

图 6-46　金币细节

（5）调整

在调整阶段，基本上不再进行大的改动；主要是色调上的调整，从而使其融入游戏的画面，如图 6-47 所示。

图 6-47　金币质感添加

6.3　三级面板设计

　　在每个产品设计的初期，可以对整个游戏的界面层级进行规范，因为界面是承载后期游戏大量操作的地方，所以对界面的层级设计规范包含两个注意点：一是界面层级不宜过多，如果是手游，操作路径就更不宜过深，否则很容易导致玩家迷路；二是要考虑多分辨率适配，特别是一级界面设计，很多游戏在处理这个问题的时候采用了不同的方式。

6.3.1　知识准备

　　游戏界面按屏幕大小分为全屏界面、弹窗界面和组合界面。

1. 全屏界面

　　该界面基本是一个整体，使用返回键返回上一层，屏幕适配以不同锚点确定相对位置，或者在边缘用底图直接进行填充，如图 6-48 所示。

图 6-48　《青云志》游戏角色界面

2. 弹窗界面

　　界面主要以弹窗为主，隐去背景内容，点击关闭按钮返回上一层。屏幕适配以调整边缘空白区域大小实现，如图 6-49 所示。

图 6-49　《青云志》游戏公告界面

3. 组合界面

将界面拆分为组件，一部分采取了部分全屏界面的设计，适配以靠近屏幕边缘的锚点实现，又将部分内容拆分为弹窗，以弹窗的方式进行适配，如图 6-50 所示。

图 6-50　《青云志》游戏大厅界面

6.3.2 技能准备

1. 游戏界面层级设计规范

游戏界面层级设计因产品不同有所区别，以下是一些基本的游戏界面层级设计规范，如图 6-51 所示。

① 游戏各个系统尽可能采用扁平化布局，层级不易过深，大部分系统最多有四个层级。

② 并不是所有系统都必须从一级界面开始依次全部出现，它们可以从任意一级开始，并且可跳级出现，如较小系统的第一个界面可以直接是弹窗，或一级全屏下面出现二级弹窗。

③ 允许从某个系统的次级界面跳转至另一系统的上级界面。

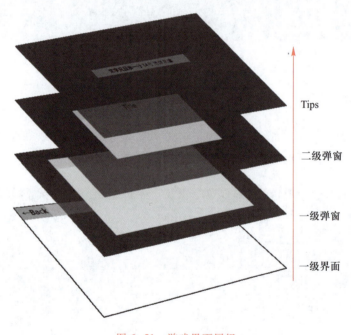

图 6-51   游戏界面层级

2. 游戏界面层级

（1）一级界面

大部分游戏主要系统的一级界面会使用全屏样式，也可在该界面增加 Tab 栏，如图 6-52 所示。

一级界面的分区一般规范：

① 返回。

② 内容区域。

③ Title 栏。

④ Tab 栏（数量一般不超过 5 个）。

⑤ 二级 Tab 栏（数量一般不超过 5 个）。

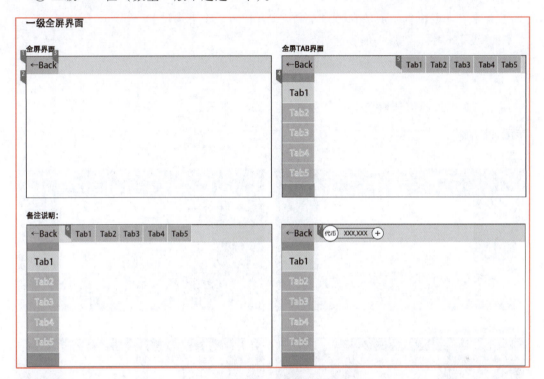

图 6-52　一级全屏界面设计规范

（2）一级弹窗

一级弹窗一般指的是在一级界面下需要进行的次级操作，或信息量较多的弹窗，如图 6-53 所示。

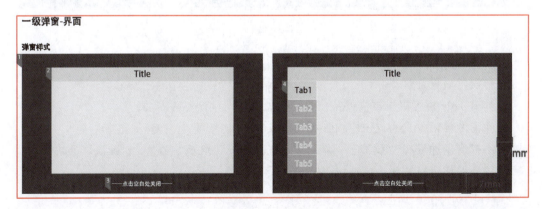

图 6-53　一级弹窗设计规范

一级弹窗设计规范：

① 弹窗背后设置遮罩。

② 弹窗设置 Title 栏。

③ 弹窗的关闭方式为点击空白处关闭。

④ 如果有 Tab 栏，一般放在弹窗左侧（Tab 栏可以上下滑动）。

⑤ 二级 Tab 栏（数量一般不超过 5 个）。

⑥ 弹窗四周的边缘与屏幕边缘的距离不可小于 7mm。

（3）二级弹窗

用于二次确认或信息量较少的弹窗，如图 6-54 所示。

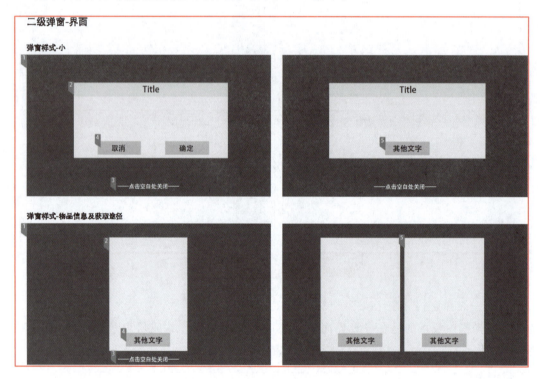

图 6-54　二级弹窗设计规范

二级弹窗设计规范：

① 弹窗背后设置遮罩。

② 弹窗 Title 栏可以根据需要决定是否设置。

③ 弹窗的关闭方式为点击空白处关闭。

④ 小弹窗中如果有"取消""确认"操作，一般"取消"在左、"确认"在右。

⑤ 操作按钮可以替换为其他操作。

（4）短暂提示控件

提示或获得物品、战力提升等临时出现的信息，出现在界面最上层，如图 6-55 所示。

图 6-55 短暂提示控件

6.3.3 任务实施

游戏角色三级面板设计与制作，如图 6-56 所示。

图 6-56 游戏角色三级面板

① UE 设计（用户体验设计），根据游戏界面的上下层级关系，确定三级弹窗界面上的信息及版式分布，如图 6-57 所示。

图 6-57 游戏界面 UE 版式

② 根据游戏其他界面确定配色及风格，如图 6-58 所示。

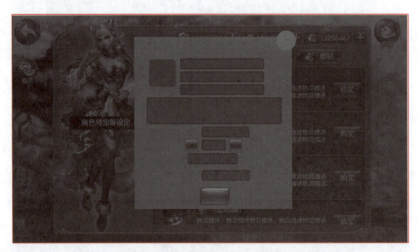

图 6-58　游戏界面 UE 色彩设计

③ 添加细节，包括底板花纹、按钮效果等元素，如图 6-59 所示。

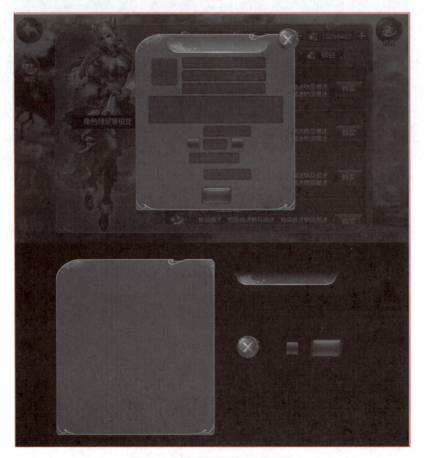

图 6-59　游戏界面 UI 细节设计

④ 添加图标和文字，如图 6-60 所示。

图 6-60　游戏界面 UI 质感设计

游戏 UI 进度条
设计

PPT

6.4　游戏 UI 进度条设计

游戏 UI 进度条可应用于许多 UI 场景，如任务完成进度、游戏加载进度等，是一种较为直观的表达元素。富有动感、有趣而且精致漂亮的游戏 UI 进度条，会让用户在短短数秒的等待时间兴致盎然。

6.4.1　知识准备

1. 进度条的概念

进度条即计算机在处理任务时，实时地以图片形式显示处理任务的速度、完成度、剩余未完成任务量的大小和可能需要处理时间等信息，一般以长方形条状显示，但不局限于"条状"。进度条一般分为动态和静态两种。

2. 进度条的作用

① 帮助用户明确程序正在做什么，程序是否正常；如图 6-61 所示软件更新页面的进度条，进度条的进度提醒用户后台正在更新游戏数据，动态显示的进程让用户知道软件运行正常，只需要耐心等待即可。如果进程中断，系统会自动提示。

图 6-61　《青云志》游戏软件更新界面

② 向用户清楚地表明当前游戏的进度，如图 6-62 所示，进度条提醒用户任务完成的进度，已经做的任务量以及剩余任务量，使用户有一个比较直观的认识。

图 6-62　《青云志》游戏任务界面

③ 缓解用户等待时的焦虑感。显示软件加载页面或者更新页面的进度条，能够有效缓解用户在等待过程中的焦虑情绪，用直观的形式告诉用户还需等待的时间，但如果软件卡顿时间过长，用户也会放弃进程，进度条对焦虑的缓解是有一定限度的，如图 6-63 所示。

图 6-63　《青云志》游戏任务界面（带进度条）

3. 进度条的分类

从进度条的变化方式来看，可以分为偏静态进度条和偏动态进度条两类。

① 偏静态进度条。明确显示当前状态，让用户了解当前状况，并基于此作出后续决策，如电池电量、电脑磁盘空间的使用情况、游戏中的生命值和法力值等，如图 6-64 所示。

图 6-64　《青云志》游戏角色属性面板

② 偏动态进度条。在用户等待过程中，动态地显示整个进程的当前状态，并提供相关操作（是否中断等）。只有进程完成后，才能到达用户预期的状态，如程序初始化的加载

过程（游戏的加载过程）、资源的下载过程、应用程序的安装过程等，如图 6-61 所示。

6.4.2　技能准备

进度条的样式：常见的进度条设计样式主要有条形、圆形和不规则形 3 种。条形进度条和圆形进度条的形状虽然简单，但如果和企业 Logo、产品特色、文本、数字或色彩巧妙结合，也可以达到简洁清爽而又不失趣味的效果。

1. 条形进度条

条形进度条一般用来显示线性或者时间进程，是一种较为直观的形式，如图 6-65 所示。

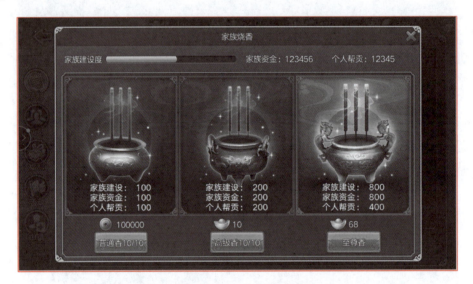

图 6-65　《青云志》游戏活动界面

2. 圆形进度条

在圆形进度条的设计中，可以参考与数值动效的结合，可以便于用户直观地了解当前进程进行到的程度，提升用户体验，如图 6-66 所示。

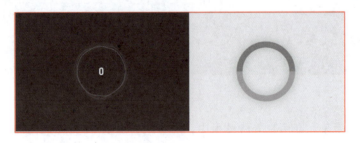

图 6-66　圆形进度条

3. 不规则形进度条（图6-67）

图 6-67　心形进度条

6.4.3　任务实施

1. Photoshop 圆角进度条的制作

圆角进度条是一种比较常用的进度条样式，既能用作游戏加载进度、游戏进程的进度体现，又能作为血条、经验值等的数值体现。圆角进度条有左右都为圆角或一边为圆角两种情况。新版的 Photoshop 能够单独设置"矩形形状"的每一个边角弧度，如图6-68 所示。圆角进度条如图6-69 所示。

图 6-68　形状属性窗口

图 6-69　圆角进度条

Photoshop 圆角进度条制作步骤如下。

① 首先绘制圆角矩形，设置圆角像素。使用"圆角矩形"工具绘制圆角矩形。在属性面板中调整"左上"和"左下"的圆角像素为"0"。"右上"和"右下"的圆角像素为"12"，如图 6-70 和图 6-71 所示。

图 6-70　圆角矩形形状绘制

图 6-71　圆角矩形属性面板圆角设置

② 为圆角矩形填充渐变色。在图层面板中选中"圆角矩形"图层，右击，在弹出的快捷菜单中选择"栅格化图层"命令，将鼠标移到"圆角矩形"图层前面，单击鼠标左

键，建立选区，选择渐变工具，调整由黄到白的渐变色，为选区添加颜色渐变，如图 6-72
所示。

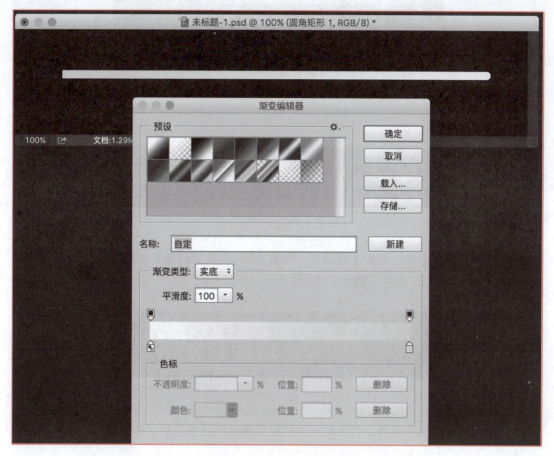

图 6-72　渐变色彩添加

2. 扁平风格游戏 UI 进度条的设计与制作

　　扁平风格是指去除冗余、厚重和繁杂的装饰效果。扁平风格去掉了多余的透视、纹理、渐变以及能做出 3D 效果的元素，这样可以让"信息"本身重新作为核心被凸显出来。同时在设计元素上，强调抽象、极简和符号化。

　　扁平风格 UI 界面更加干净、整齐，使用起来格外简洁，从而带给用户更加良好的操作体验。因为可以更加简单、直接地将信息和事物的工作方式展示出来，所以可以有效地减少认知障碍的产生。在移动设备上，扁平化的设计不仅界面美观、简洁，而且还能达到降低功耗、延长待机时间和提高运算速度的效果。因此，对于移动设备上的休闲游戏 UI，大量采样扁平风格设计，如图 6-73 所示扁平风格游戏 UI 进度条。

图 6-73　扁平风格游戏 UI 进度条

Photoshop 扁平风格游戏 UI 进度条制作步骤如下。

① 使用"圆角矩形"形状工具绘制一个圆角为 30 像素的圆角矩形，设置颜色为蓝色，如图 6-74 所示。

图 6-74　圆角矩形绘制

② 使用"圆角矩形"形状工具绘制一个圆角为 18 像素的圆角矩形，在之前圆角矩形的中间，设置颜色为浅蓝色，如图 6-75 所示。

图 6-75　圆角矩形色彩设定

③ 复制第 1 个圆角矩形，放到最下面一层，修改颜色为深色，如图 6-76 所示。

图 6-76　圆角矩形阴影制作

④ 使用"圆角矩形"形状工具绘制一个一边为圆角，一边为直角的矩形，位于之前圆角矩形的中间，设置颜色为黄橙色，如图 6-77 所示。

图 6-77　进度条进度矩形制作

⑤ 最后为进度条添加高光效果，颜色为白色，不透明度为 70%，如图 6-78 所示。

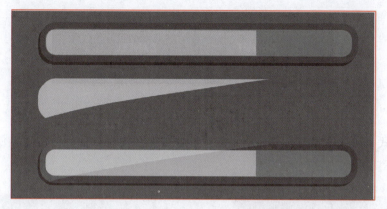

图 6-78　进度条质感添加

6.5　面板纹理设计制作

面板纹理设计
制作

PPT

纹理在界面设计中已经成为一个不可或缺的元素，它不仅仅是趋势，更是增加界面深度的快捷方法。设计师学会使用纹理，就能强化界面设计的感染力，是界面设计中必须要掌握的功法。而纹理本身就能通过引导用户的视线来展示界面的关键内容。

6.5.1　知识准备

纹理 VS 图案：图案通常会由一些细小的重复性的元素组成，具有一定的视觉节奏感。而纹理相对图案由更大的元素组成，也不一定有重复性。如果用集合来表示这两个概念，那么，纹理和图案就会是两个圆，只有小部分交集，其余部分都是相对独立的。

6.5.2　技能准备

1. 纹理的功能

界面中的纹理设计，不能仅仅符合"看起来很美"，而应该基于满足某种功能，纹理的使用目的大部分都会在于增强界面的层次和视觉深度。

（1）吸引用户点击操作

图标、按钮、标题等元素都能运用纹理，能够吸引用户对相应元素进行点击操作。最低限度地使用纹理就是将纹理运用在元素上，以便让这些元素区别于界面中的其他元素，如图 6-79 所示。引导用户的视线进入预期的下一步。

图 6-79　设计师 Mike 的设计作品

这种方式也可以重点突出界面中的品牌形象，如在"进入仙界"按钮上使用纹理，如图 6-80 所示。

图 6-80　"青云志"进入仙界界面

（2）增强信息的视觉展示规则

纹理既然可以用以引导视线，就如同线条、方框和对比一样，它也可以被用以排版，将内容按照某种视觉规则进行展示。与此同时，纹理的效果要运用得当，与其他的视觉规则方式协调使用，最终输出效果将会非常理想。

对于不同的内容选用不同的纹理，这也符合了对比法则。用户能根据不同的需求而进入下一步操作，而不至于在主页中层出不穷的信息中迷失了方向。

同时，纹理要完美搭配网站中的风格和主题，例如，手工的网站搭配布纹，绘画的网站搭配纸纹。所有这些元素都可以通过某种逻辑法则去体现网站的内容，强化整体的信息展示，如图 6-81 所示。

图 6-81 "青云志"角色界面

（3）营造氛围和凸显个性

界面中的纹理能够凸显出产品的个性，发挥品牌效应。纹理为界面设计增加一种"捉摸不定"的感觉，它带来一种视觉上的新鲜感，同时，也为界面增加了怀旧的魅力，如图6-82 所示。

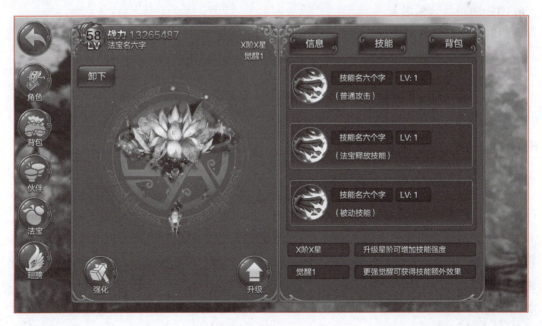

图 6-82 "青云志"法宝界面

2. 纹理的使用规范

虽然纹理的使用会带来很多好处，但与此同时，在使用时也有很多需要注意的陷阱。

（1）保持易读性

易读性是界面设计必须要维持的底线，对于做得再漂亮的界面，如果易读性不佳，用户也不会继续使用下去。

（2）有节制地使用纹理

在印刷品设计时，纹理效果通常都比较夸张。而在界面设计中，就需要有所节制，不要大面积地使用纹理，以免干扰到用户对主要内容的注意力。

在使用纹理时，需要多进行尝试。只有经过试用后，才知道最终效果。把纹理放置于不曾想到的地方，也许就会有不同的效果。

（3）有目的性地使用它

在为实际项目进行设计前，需要大量的练习。通常，在习作时，往往会因为某个纹理好看就用上，这不利于设计的最终目的。如果无法判断这个元素为何使用纹理的目的，那就应放弃这样做。

有目的性且意味着有重点，它的出现是为了烘托主题。如果过度使用造成抢镜的情况，那么也要放弃纹理。同时，尽量使用比较弱的纹理图案，若隐若现，这样的效果会让纹理的优势发挥更好。

（4）为最终效果服务

要时刻记得最终要实现的效果。例如，在设计一个界面时，当运用上满意的弱纹理背景后，如果已经符合了最终效果，那就继续设计下一个元素。

（5）平时收集资源

为了在设计时节省大量时间，在平时做好后备资源收集是最好的解决方式。

6.5.3　任务实施

1. 青云志-"法宝背包"界面的底板纹理设计

青云志游戏界面属于中国风设计，"法宝背包"界面中包含了代表中国的"玉佩"等物品，"法宝背包"界面在灰蓝色的背板上加入中国风格的对称纹理，强化了游戏的风格体验，如图 6-83 所示。

界面纹理背板制作步骤分解示意图如图 6-84 所示。

图 6-83 "青云志"法宝背包界面

图 6-84 "青云志"法宝背包界面纹理制作步骤

2. 青云志游戏-NPC 气泡底板的纹理设计

在 NPC 气泡框中加入纹理设计，符合游戏的整体风格。以下是游戏中几种 NPC 气泡造型，如图 6-85 所示。

图 6-85 "青云志"NPC 气泡框纹理设计

青云志游戏-NPC 气泡底板设计制作步骤分解示意如下：

① 设计好气泡的外形。

② 为气泡添加阴影等效果。

③ 在气泡上绘制花纹纹饰，如图 6-86 和图 6-87 所示。

图 6-86　"青云志"NPC 圆形气泡框纹理设计步骤

图 6-87　"青云志"NPC 矩形气泡框纹理设计步骤

NPC 对话界面如图 6-88 所示。

图 6-88　"青云志"NPC 对话界面

本章小结

　　本章讲解了游戏 UI 设计基础设计，包括设计 UI 按钮、功能图标的设计、三级面板的设计、游戏 UI 进度条设计、面板纹理设计制作 5 个部分，涵盖了 UI 按钮、按钮的类别、按钮的配色和造型、按钮的状态和反馈、按钮标签、图标的状态、图标设计的原则、游戏界面按屏幕大小分类、进度条的概念、进度条的作用、进度条的分类、纹理与图案的区别等知识点，以及与以上知识点相对应的相关技能点，是 UI 设计岗位必须掌握的基础设计知识与技能。

第3部分 三维游戏建模

第7章 三维游戏建模规范

　　游戏开发涉及游戏策划、美术资源制作、声乐资源制作、游戏程序开发、整合与测试等工作，如图7-1所示。为了创作的游戏拥有足够丰富的内容，需要一个分工专业、合作密切的团队。因此，游戏开发的人员、资料、流程、时间进度等必须进行有效的项目管理。

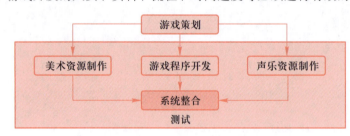

微课
数字绘画（3D）学
科介绍

图7-1　游戏开发流程

　　其中，建立各类资源文件的制作规范，是团队工作必不可少的关键环节。在电子游戏行业30多年来的发展过程中，开发者们总结出诸多经验，一系列行之有效的模式与规范在实践中诞生和日趋成熟。

　　以实时互动三维视觉效果为核心的游戏，其美术资源具有三维数字技术特色。通常，由三维游戏项目团队的美术主管负责三维美术资源的艺术风格与品质把控，以及对资源制作规范的监管。

7.1 三维游戏模型制作规范

三维游戏模型
制作规范

7.1.1 知识准备

　　在三维游戏类美术资源中，游戏模型是核心制作内容。模型制作规范是围绕三维游戏开发的需求而确立的。

在三维动画领域中，数字场景的内容通过计算机运算处理、以特定视角的形式产生图像的过程，称之为**渲染**（Rendering），如图 7-2 所示。渲染一幅图像所需要的时间，是与数字场景内容的复杂度和输出画面的分辨率密切相关的，表现细节越多，耗时越长。

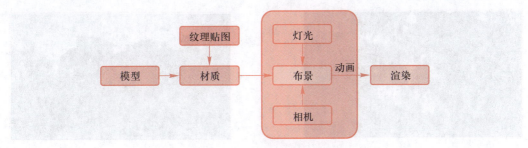

图 7-2　三维动画制作流程

典型的三维动画电影，如图 7-3 和图 7-4 所示，场景中的几何单元数以亿计，甚至百亿级都不罕见。因此，每帧画面的渲染时间少则几十分钟，多则高达几十小时。

图 7-3　《最终幻想 15：王者之剑》（Square Enix）

图 7-4　《新笑傲江湖》（完美世界）

为达到可接受的动态视觉效果，实时三维互动的电子游戏，其画面更新的频率不低于20帧/秒，即每幅画面的渲染时间必须少于50ms。激烈的动作类游戏等，更需要50帧/秒以上的表现能力。虚拟现实（VR）游戏的防晕眩要求，基本规格是不低于90帧/秒。

典型的三维游戏画面表现，如图7-5和图7-6所示。

图7-5   《完美国际》（完美世界）   图7-6   《诛仙3》（完美世界）

大众所能拥有的、可以运行游戏的个人设备，其硬件运算能力是有限的某个范围。显然，依靠这样的硬件条件，如果想达到电影级别的画面细节，是不可能满足游戏画面的实时渲染需求的。

因此，游戏场景中几何单元的复杂度一般都低于百万级。手机等平台的限制甚至是十万级以下。这些限制严重制约了游戏产品的表现力。

针对当前可用的、普遍性的用户硬件条件，须仔细设立三维资源制作的技术指标，谨慎地控制它们在游戏实时渲染中的消耗。

三维资源的技术指标，主要包括模型面数和贴图存储容量。典型的建模任务指标安排见表7-1。

表7-1   建模任务安排范例

×××××工作室建模任务表								
项目名	××××××××			任务名		××××××		
任务发布人	开始日期	提交日期	中模	高模	低模	UV	法线	贴图
×××				2天	2天	1天	0.5天	3天
参考图文	××××××××××××							
要求	模型	面数控制在3500个三角面						
	贴图	贴图分辨率为1024×1024像素						
	其他	贴图分为基本颜色、金属度、平滑度、法线						

具体指标的设立，可采取下列步骤进行：

步骤1：按典型硬件条件，在满足游戏画面分辨率和渲染刷新率的前提下，估算整个游戏数字场景的资源指标上限。

步骤2：按场景、角色、道具、特效等进行量化切分，确定每个具体游戏对象的指标上限。

步骤 3：在游戏开发的资源整合与试运行阶段，测试游戏的实时渲染表现。如果发现渲染刷新率不在预期的范围，则需要局部或者整体地调整各游戏对象的三维资源制作。刷新率过高，可以适量增补细节。刷新率偏低，则必须进行精简和优化。

步骤 3 的调整通常需要进行多轮，其目标是，在满足典型硬件条件和运行流畅度需求的前提下，模型应尽可能充分地表现细节。

例如，若通过初步评测，在当前典型手机硬件条件下，刷新率如要超过 20 帧/秒，整体三维场景的面数不应超过 15 万面。而某游戏的一个典型场景中，包括 1 个地形、6 个建筑、10 个角色、40 个道具。设计相应的需求表，见表 7-2。

表 7-2　模型指标计划需求表（初始）

类型	数量	每单位平均面数	累计
地形	1	30000	30000
建筑	6	4000	24000
角色	10	5000	50000
道具	40	1000	40000
总计			144000

在后续制作、测试和评价中，发现实际帧率比预期高 20%，说明模型指标可以适当提高。如果发现角色表现细节欠缺，而很多道具的细节很难辨识，则可以做适当调整，见表 7-3。

表 7-3　模型指标计划需求表（××次修订）

类型	数量	每单位平均面数	累计
地形	1	30000	30000
建筑	6	4000	24000
角色	10	8000	80000
道具	40	800	32000
总计			166000

除了满足面数控制，游戏建模在网格布线等方面还有一些规范，如尺度、坐标变换、整洁度等。

布线的基本要求，一是疏密适当，在较平坦部分尽量精简，几何特征明显的局部须着力表现细节，总体上小于某个尺度阈值的凹凸细节则不需要制作；二是整齐直观，尽量平直走线，尽量以四边形面元表现，抑减三角或超过四边的多边形面元。通过后续课程的学习，可逐渐在实践中加深对这些要求的理解和运用。网格典型商业模型作品范例，如图 7-7 所示。

图 7-7　网格典型商业模型作品范例（完美世界）

　　纹理贴图制作方面，贴图通常是最大的内存资源消耗。类似于前面对模型面数的要求，三维游戏开发中对于图片尺寸有较为严格的指标要求。典型商业游戏贴图，如图 7-8 所示。

图 7-8　游戏贴图（完美世界）

　　制作贴图时，可以放大一倍或更多倍尺寸进行编辑，之后再缩小回正常需求尺寸应用于游戏。在保证游戏所需视觉细节的前提下，应尽量下调尺寸等级以节省消耗。

　　纹理制作中，需要注意的规范或要求如下。

　　（1）像素单位尺寸

　　为优化计算机处理性能，取长宽如 32、64、128、256、512、1024、2048 等（2 的幂次）数值为最佳，3 倍的数值如 48、96、192、384、768 等次之。

　　（2）估算与调整

　　如果在最终游戏画面中，某游戏对象所占的画面范围为 100 像素左右，则可以按它的 3 倍、即 300 像素左右，作为该游戏对象所需的贴图长宽尺寸。观察实际测试的表现效果，可以按等级上调或下调尺寸。

　　（3）色彩模式

　　表现色彩的丰富程度，同样影响内存资源消耗。如采取适当的贴图压缩处理，可以显著减少消耗。具体的贴图压缩支持能力，由游戏运行平台的硬件决定。典型贴图资源消耗数据，见表 7-4。

表 7-4 典型贴图内存消耗

512×512 像素分辨率未压缩贴图的内存消耗			
色彩模式	索引颜色	24 位真彩色	16 位伪真彩
可显示色数	256	16777216	65536
内存消耗/KB	256	768	512
无损压缩/KB	约 80	不支持	不支持
有损压缩/KB	不支持	约 150	约 100

游戏项目实施过程中,需要专人负责审查建模的美术品质和规范情况。对于个人,应随着由浅入深的学习,在实践中理解这些规范的作用。

7.1.2 技能准备

三维图形软件的基本操作和游戏建模的控面与布线,是在实践中学习三维游戏模型规范的第一步。关于 UV 展开和贴图制作方面的内容,将在后续的中高级课程中学习。本书中的截图及相关样例场景文件均基于 3ds Max 2018 版本。

3ds Max 软件界面的主要组成包括菜单栏、主工具栏、视口、命令面板、动画栏、状态栏、视图导航按钮等,如图 7-9 所示。

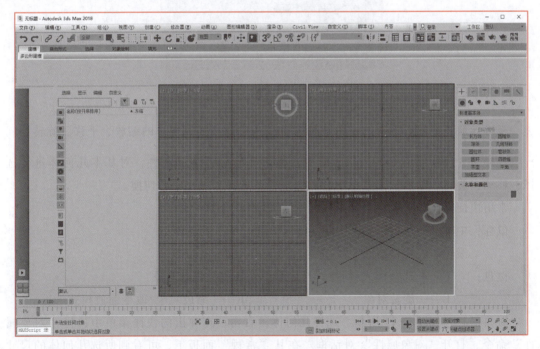

图 7-9 3ds Max 界面

3ds Max 软件应用广阔,拥有丰富的学习资源。

在电脑连接互联网的条件下,单击其工具栏最右侧的"帮助"栏下的"帮助"按钮,可以打开 3ds Max 的在线帮助手册。该软件功能丰富,参数选项等数目众多,帮助手册为此提供了全面和详细的说明。用户应养成自觉和积极地查阅帮助手册的习惯。

鼠标停留在各个图标上方,即可看到其功能的简单说明。右下角带有小三角形的图标,鼠标点按不放开,会有下拉式弹出框供选择。

创建基本几何体:如图 7-10 所示,在 3ds Max 界面右侧命令面板中的"创建"面板中,选择"几何体"类型,选择"标准基本体",即可在下面的按钮列表中,通过单击创建平面、长方体、圆柱体、球体等基本几何体;也可以在菜单栏的"创建"项下的子菜单中选择。

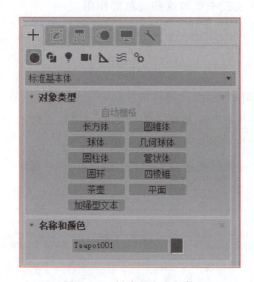

图 7-10　创建基本几何体

视口导航:使用右下角的视图导航按钮 ,控制视口的缩放、平移、旋转等。

选择与变换:使用主工具栏上的 ,对基本几何体进行选择、移动、旋转、缩放。注意图中右侧的坐标系选择和操作中心切换。

常用快捷操作如下:

鼠标:中键——视口平移　　　Alt+鼠标中键——视口绕转

　　　　滚轮——视口缩放

键盘:　Q——选择模式/切换选择区域　　W——移动对象

　　　　E——旋转对象　　　　　　　　R——缩放对象/改变缩放模式

对象信息:如图 7-11 所示,选择几何体,右击,在弹出的快捷菜单中选择"对象属性"命令,打开"对象属性"对话框。在其"常规"面板下,可看到所选几何体的尺寸大小、顶点数、面数等信息。

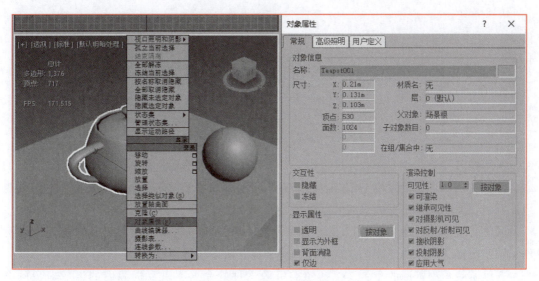

图 7-11 显示对象信息

也可以在某个视窗内，按 7 键，切换显示当前场景的总面数、顶点数等信息。

在建模过程中，为按指标达到良好的控面，可以先根据模型目标的主要组成特征，用多个均匀分格的简单几何体（如立方体）构成近似的形态。

随后，再逐步细化，增加必要、关键的细节，即可有效地控制面数。

7.1.3 任务实施

参考图 7-12，以基本几何体为单元，组成该游戏道具模型，面数需控制在 400～600 面。

图 7-12 灯座

7.2　三维游戏模型资源命名规范

7.2.1　知识准备

在制作三维游戏模型资源的过程中，初学者最常忽略的就是命名问题。然而，良好的命名习惯，是从事相关领域工作必需的基本职业素质。对于任何一个游戏开发团队，要想运作顺畅，命名规范是不可或缺的项目核心管理要求。

同时，规范化的命名，可以方便游戏开发团队通过一些脚本程序工具，实现流程运作、转换衔接等操作的便捷化、自动化，显著提升协作和管理效率。

三维游戏模型资源的命名，包括各类资源文件的命名，以及资源内的组成对象的命名。典型资源包括三维游戏场景文件和贴图文件。三维场景文件中，包含模型对象、骨骼对象、辅助对象、材质纹理对象等，均需要分类命名。贴图文件中，用于编辑的 PSD 类文件，可以按功用进行分层命名。

三维场景各对象的命名，除了类型和功能的区别，还需要采用有具体代表意义的名称。例如，某角色的名字，某道具的命名。这些命名，必须在游戏开发的策划和详细概念设计阶段进行文档化定义，必须保证全团队、全流程的唯一性。

7.2.2　技能准备

三维场景对象完整的命名，可以采取"名称_类别_功用"的格式。

由于一个游戏对象可能需要多个子对象来组成，这类细节未必需要全部具体文档化。那么各个子对象的前面名称部分可以由"主名称_子对象名称"构成，而"子对象名称"仅需要按照某种简单和相对宽松的规范确定即可。

对于三维场景文件的命名，应基于文档化的游戏对象名称。同时，还应考虑在团队分工流程中的定位和功用，如主模、高模、蒙皮设置、动画等。

缺乏意义或可辨识性的命名如"abcdef""1111222"，默认名字导致高重复率的"box214""default237"等，都是不合适的。

对于相关贴图文件的命名，除了游戏对象名称，还应包含其渲染作用通道的功能描述，如主色、法线、金属性、平滑度、不透明度、自发光等。

这里需要强调：虽然如 3ds Max 等软件支持中文命名，但仍然有很多游戏开发相关的软件、包括游戏引擎，处理中文时会报错或在运行中出现难以判断的错误。

因此，必须严格坚持以英文、数字和下画线进行命名的规则。

命名中如使用英文，团队在项目规范中须统一标准，不宜与英文单词混用。

三维制作相关的英文命名，见表 7-5。

表 7-5 三维制作常用词中英文对照

意　义	英文名词、略缩语	拼　音
建模（一般不需要指明）	Modeling	JianMo
高模、低模、贴图 UV 展开	HighPoly、LowPoly、UV	GaoMo、DiMo、TieTu UV ZhanKai
角色、道具、工具	Character（Ch）、Item、Tool	JueSe、DaoJu、GongJu
蒙皮、绑定、设定	Skin、Bind、Setup	MengPi、BangDing、SheDing
材质、贴图	Material（Mat）、Texture（Tex）	CaiZhi、TieTu
布光、布局	Lighting（Lit）、Layout	BuGuang、BuJu
相机、渲染	Camera（Cam）、Rendering	XiangJi、XuanRan

7.2.3 任务实施

现有一组游戏模型资源的列表（见表 7-6）待整理。命名规范参见表 7-7，依此对其内容进行整理和重新命名。

表 7-6 整理记录单

整　理　前	整　理　后
LakeSummer_模型 . max	
FlowerRender. max	
Animation 狗 . max	
Bird. jpg	
Cat_法线贴图 . png	
TomAlpha. jpg	
Football003. jpg	

表 7-7 命 名 规 范

文 件 类 型	规　　范
场景文件命名	"场景名_流程阶段"
贴图文件命名	"对象名_贴图通道"

7.3   三维游戏美术文件存储规范

7.3.1   知识准备

与命名规范相似，三维游戏美术文件的存储同样需要规范化。

三维游戏美术文件，除了上述的三维游戏场景文件和贴图文件，还包括美术设计原画文件、动作捕捉数据文件、渲染测试静帧与动画文件等。其他美术文件的命名规范，与模型资源是相若的。

由于美术文件数量大，仅仅考虑命名规范是不够的。有组织的存储分类，将极大地提升资源利用和维护的效益。通过多层级分类的文件夹体系设计，就可以很好地解决这个问题。

7.3.2   技能准备

一般情况下，开发团队的资源会集中存储在一台文件服务器上。

长期通用的资源，应放在一个文件夹下，明确共享、重用。而每个游戏项目，则各自建立文件夹，分放专属的资源。

项目下的基础子文件夹分类，可包括策划文案、设计原画、通用、角色、道具、场景、游戏可用资源、项目管理等，也可按功能性分类，如模型、贴图、材质、动画、特效、用户界面等。

一般而言，游戏用的某个三维资源，其模型场景文件与其所用贴图文件关系紧密，可以将其单独集中在一个子文件夹中存放。不局限于特定模型的贴图文件，如可以重复平铺的纹理，则可以独立划分和组织子文件夹结构。

在上述文件夹之下，按不同类型建立子文件夹。继而，继续按不同子类型划分下一层次的子文件夹，如"动物">"陆地动物">"哺乳动物">"熊">"北极熊"。

过多的子级分支会增加查找困难，过少的子分支则会增加层次。一般，每个子级的分支为 10~30 较合适。

同样的，文件夹命名必须严格坚持以英文、数字和下画线进行命名的规则！命名应采用有意义的词汇。

需要注意的是，一般而言，三维游戏场景文件与相关贴图关系紧密，因此可以把它们一并放在以游戏对象名称命名的子文件夹中。但是，也有一些平铺类的贴图适用范围广，并没有局限于具体的某个三维模型，这类贴图就可以独立划分到一个文件夹中。

7.3.3　任务实施

现有一组游戏美术文件列表，见表 7-8。请根据其内容说明，设计一套文件夹结构，对这些文件进行分类存储。

表 7-8　文件说明样表

文 件 名 称	文件夹名称
A_City 任务策划 . doc	主城任务策划
A_City 原画 . psd	主城原画
MainGate_Model. max	入城口模型
Human_Walk_Anim. max	人类种族行走动画
Bridge_A_color. jpg	A 类型桥主色贴图
MadDog_normal. png	狂犬法线贴图
StoneRoad_T_color. jpg	石路类平铺贴图

本章小结

三维游戏美术资源的设计与制作，需要团队有机的分工合作。认识和理解三维游戏美术资源制作的流程与规范，养成规范有序的工作习惯，是相关美术从业者必须拥有的基本职业素质。

在游戏模型制作层面，规范的重点在于控面和布线。

在游戏资源规范性方面，重点在于相关模型对象、材质、贴图等的命名。

在游戏项目整体管理方面，重点在于各种文件的分类、分层次存储组织。

第8章 三维建模软件基础

在本章中，通过样例制作的实践性学习，认识和掌握三维建模软件的基础操作。

8.1 积木单元

积木单元

PPT

8.1.1 知识准备

本章中样例所采用的建模技术，以多边形模型对象的创建和修改为核心。

多边形模型对象，是以三条或更多条边所组成的面为基本元素构成的，其基本元素类型包括顶点、边、面。在 3ds Max 中，这 3 种基本元素类型被称为"子对象"。

对于多边形模型对象，涉及网格结构组成（拓扑）变化的操作可分为增加和删减两大类；不影响网格结构组成、只影响其基本元素相对位置的操作，则表现为网格结构的变形。

3ds Max 通过被称为"修改器"的功能实现对各类模型对象的修改。不同的"修改器"可以按需、有序地堆叠修改效果，这是通过"修改器堆栈"的方式实现的。

本章涉及的修改器类型，包括"可编辑多边形"和"UVW 贴图"。

UVW 是控制贴图纹理在几何体模型上显示位置的贴图坐标结构，一般只使用二维的 UV 坐标。更多的贴图坐标编辑等内容，将在中高级课程中讲述。本书仅涉及较为简单的映射模式，即"UVW 贴图"修改器的应用。

书中未提及或未详述细节的功能、界面、参数等，请查阅 3ds Max 帮助手册。

8.1.2 技能准备

本单元样例制作过程中，涉及的操作技能如下：

（1）尺寸单位与捕捉对齐。

（2）显示模式。

（3）"修改"面板的"修改器列表""修改器堆栈"和"修改器参数区"。

（4）"可编辑多边形"修改器和它的子对象编辑。

（5）"UVW 贴图"修改器。

（6）保存场景文件。

知识和技能拓展：

（1）不同坐标系和操作基准点在操作中的区别。

（2）常用多边形子对象编辑操作，包括挤出、插入、切割、切角、塌陷等。

（3）"克隆"操作中复制、实例、参考的区别。

（4）"修改器堆栈"操作。

8.1.3 任务实施

目标：如图 8-1 所示，创建多种尺寸和外形的积木单元。

为方便后续排布位置按栅格对齐（缺省栅格最小间距为 0.1），实际采用的最小单元空间尺寸为 0.2×0.2×0.2。例如，某单元的高度若为 4 个"单元"，其实际高度为 0.8。

捕捉模式建议使用 ⛶ "2.5 维"模式，如图 8-2 所示。用鼠标按住主工具栏上的捕捉开关图标，即可在弹出的列表中选择模式。右击捕捉开关图标，则弹出"栅格和捕捉设置"对话框。

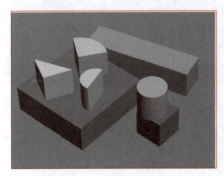

图 8-1　任务目标

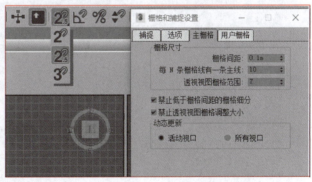

图 8-2　捕捉设置

首先，如图 8-3 所示，在"创建"面板的"标准基本体"下，单击"长方体"，再单击"键盘输入"卷展栏以将其打开，分别在长度、宽度、高度栏输入 0.2、0.2、0.2，长/宽/高度分段保持为 1，保持选中"生成贴图坐标"复选项、取消选中"真实世界贴图大小"复选项，然后单击"创建"按钮。

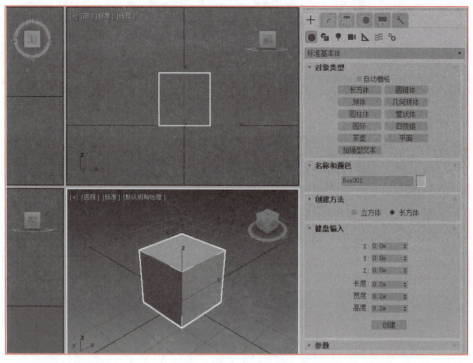

图 8-3　创建长方体

也可以切换到"修改"面板，在下面列出的属性中进行修改，如图 8-4 所示。

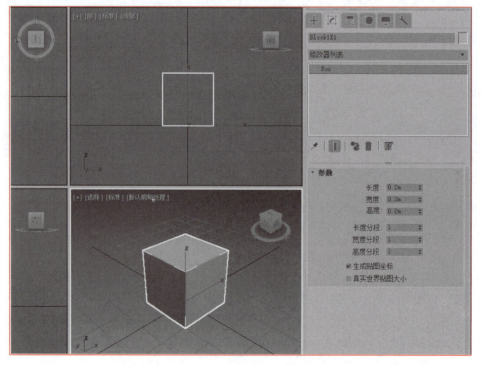

图 8-4　修改属性

在"修改"面板中,将创建的长方体名字改为"Block1X1"。

重复上述步骤,其他参数不变,创建长度分别为0.4、0.6、0.8的长方体,有序排布,并分别改名为"Block2X1""Block3X1"和"Block4X1",如图8-5所示。

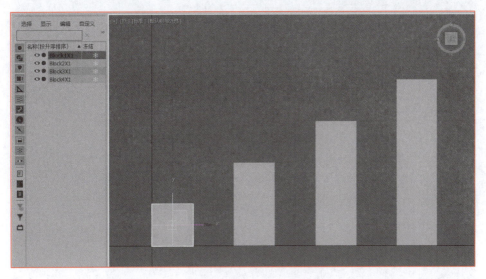

图 8-5 制作多个 nX1 方块单元

为排布整齐,可切换到"顶"视图,按S键打开捕捉功能,移动对象会吸附到最近的栅格点。如该视图没有显示出栅格,按G键即可切换显示。排布时,应保持各个单元的间距为偶数个细栅格(即0.2单位的倍数)。

重复上述步骤,其他参数不变,创建长度和宽度同时为0.4、0.6、0.8的长方体,有序排布,并分别改名为"Block2X2""Block3X3"和"Block4X4",如图8-6所示。

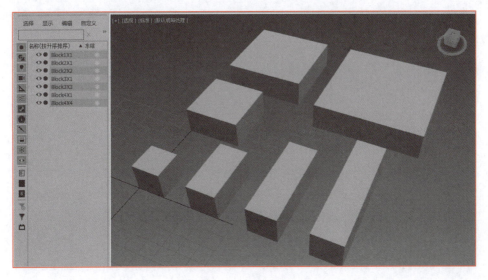

图 8-6 方块单元

然后，在"创建"面板的"标准基本体"下，单击"圆柱体"，再设置参数，然后单击"创建"按钮。将此长方体名字改为"Column1X1"，如图 8-7 所示。

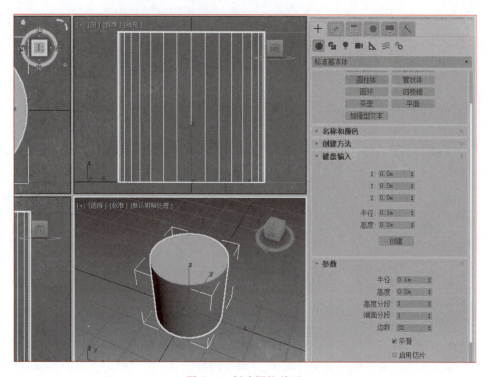

图 8-7　创建圆柱单元

重复上述步骤，其他参数不变，创建半径分别为 0.2、0.3、0.4 的圆柱体，排布成一排，并分别改名为"Column2X1""Column3X1"和"Column4X1"，如图 8-8 所示。

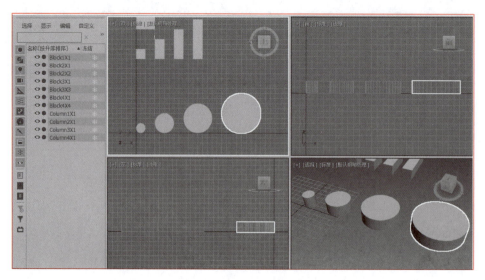

图 8-8　不同尺寸的圆柱单元

单击主工具栏上的选择图标，选择上面完成的 4 个圆柱体。

🔍 **【实用技能】选择对象**

*按住 Ctrl 键并选择要添加或移除的对象。

*按住 Alt 键并选择要从当前选择中移除的对象。

按住 Shift 键并移动一段距离，在弹出的"克隆选项"对话框中，副本数设为 3，选中"复制"单选项，再单击"确定"按钮。由此，复制出新的两排圆柱体，如图 8-9 所示。

🔍 **【实用技能】操作回退**

*如发现某步操作效果有问题，应及时按下 Ctrl+Z 键回退一步操作，检查确认问题成因后再继续。必要时，可以连续回退多步。

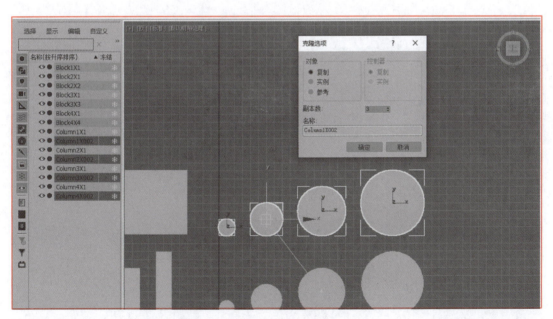

图 8-9 复制操作

将复制出来的第 2 排圆柱体高度改为 0.8，并分别改名为"Column1X4""Column2X4""Column3X4"和"Column4X4"，如图 8-10 所示。

将复制出来的第 3 排圆柱体，按附图修改为半圆，并分别改名为"Half1X1""Half2X1""Half3X1"和"Half4X1"，如图 8-11 所示。

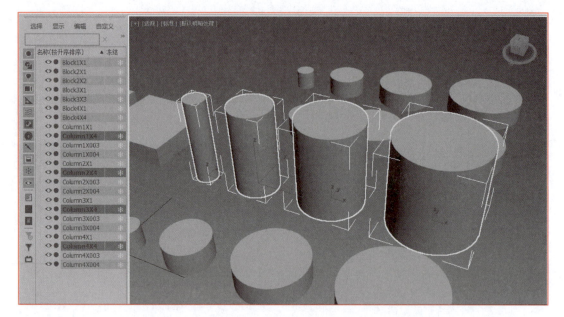

图 8-10   4 倍高度圆柱单元

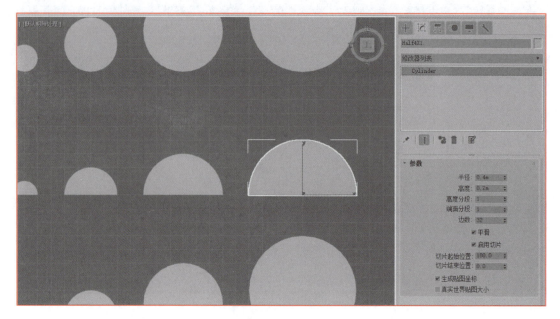

图 8-11   半圆单元

将复制出来的第 4 排圆柱体，按附图修改为 1/4 圆，半径增加一倍，分别改名为 "Quarter1X1" "Quarter2X1" "Quarter3X1" 和 "Quarter4X1"，如图 8-12 所示。

复制一个 "Block1X1"，切换到 "修改" 面板，在 "修改器列表" 下的方框区右击，在弹出的快捷菜单中选择 "可编辑多边形" 命令，将其转换为多边形模型，如图 8-13 所示。

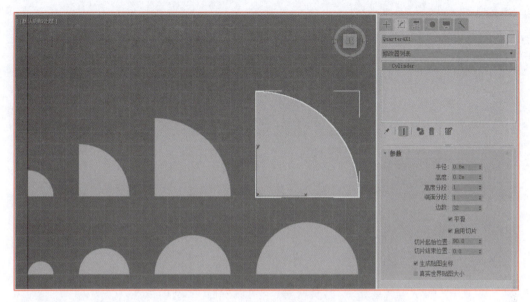

图 8-12　1/4 圆单元

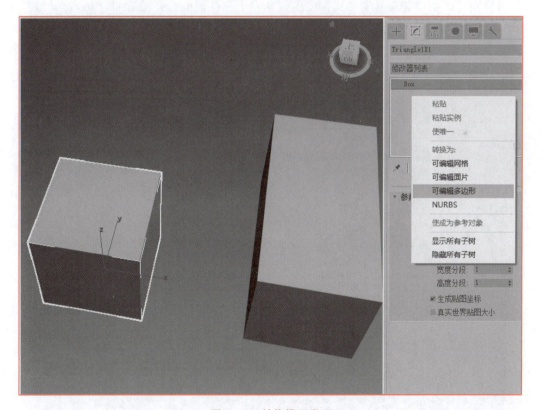

图 8-13　转换模型类型

单击"可编辑多边形"左边的三角形标志，展开其子对象列表。选择"边"选项，可以对多边形模型的边类型子对象进行编辑，如图 8-14 所示。

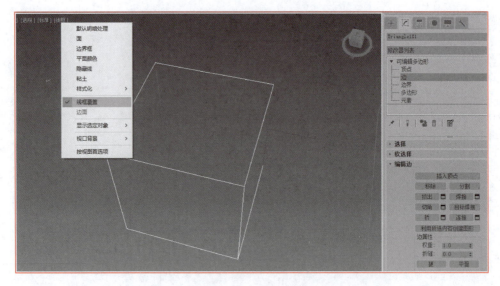

图 8-14　子对象编辑

切换到"线框覆盖"显示模式。按图点选左上部位的侧边，按 Backspace 键（或单击"编辑边"中的"移除"按钮），移除这一条边。

切换到"顶点"子对象。框选被移除边对应的两个顶点（可在"前"视图框选），按 Backspace 键（或单击"编辑边"中的"移除"按钮），移除这两个顶点，如图 8-15 所示。

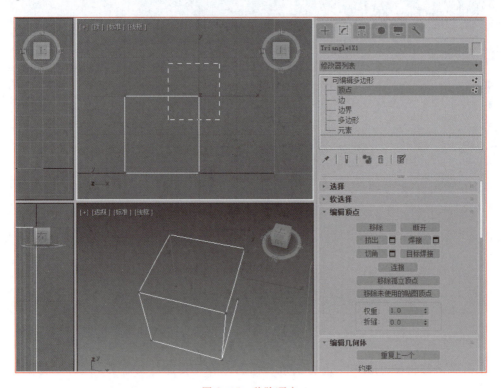

图 8-15　移除顶点

依次切换回"可编辑多边形"编辑模式、"默认明暗处理"显示模式。可见原立方体被改为直角三角形块。重命名为"Triangle1X1"，如图 8-16 所示。

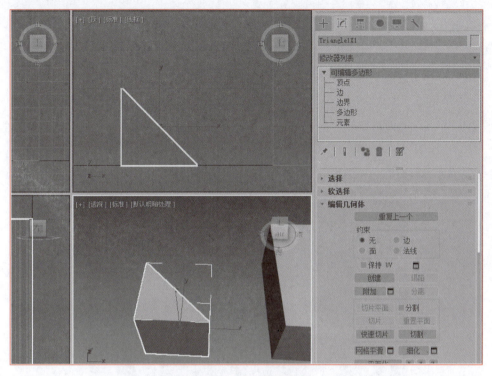

图 8-16　完成三角形块单元

重复上述步骤，复制"Block2X1""Block3X1"和"Block4X1"，并将其改为直角三角形块，重命名为"Triangle2X1""Triangle3X1"和"Triangle4X1"，如图 8-17 所示。

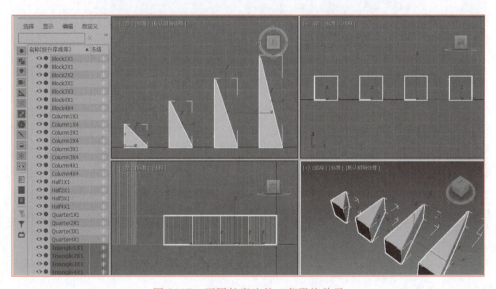

图 8-17　不同长宽比的三角形块单元

　　整理场景，以 0.2 单位为基本尺寸，对齐栅格排布。至此，获得一系列规格化尺寸的积木单元，如图 8-18 所示。

图 8-18　整理各类型单元

　　选择所有的积木单元，切换到"修改"面板，在"修改器列表"中选择"UVW 贴图"。设置贴图投影类型为"长方体"，将长、宽、高都改为 0.2，如图 8-19 所示。

　　在修改器堆栈列表中，单击"UVW 贴图"左边的三角形图标，展开其子项，选择 Gizmo 子对象，然后在"顶"视图、"前"视图等正交视窗，按 S 键打开捕捉开关，移动 Gizmo（黄色线框的立方体）对齐到 0.2 单元（两个子栅格）。选择切换回"UVW 贴图"对象层级。

　　在菜单栏中选择"文件"→"保存"或"另存为"命令，保存当前场景文件，以备后续使用。

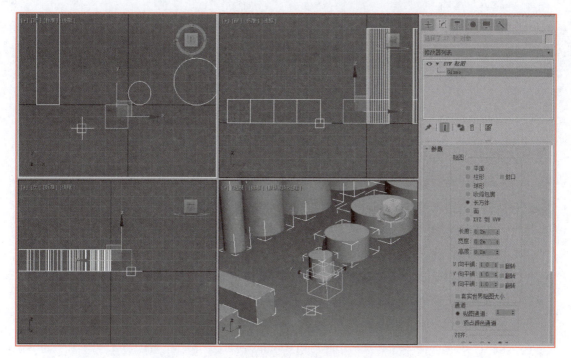

图 8-19　长方体式贴图坐标设置

通过上述操作，所有积木单元设置了统一的、对齐的、均匀尺寸分布的贴图坐标映射，用于后续的材质纹理设置。设置彩色棋盘格纹理贴图后，其效果如图 8-20 所示。

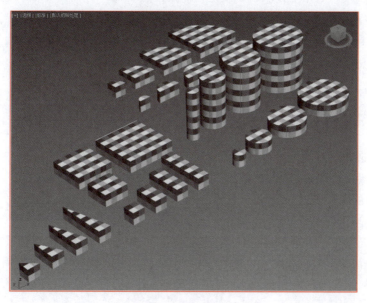

图 8-20　棋盘格纹理应用表现

8.2　多种材质

多种材质

PPT

8.2.1　知识准备

在三维设计应用中，仅仅表现几何形体是不够的，还需要能够表现出光照下具体对象的不同质感。这就需要进行有目的的材质设计，并将其应用到特定模型上。

为了计算模拟不同物质的光照表现，3ds Max 提供了多种类型的材质。本书采用的是缺省的"标准"材质类型。

典型的材质设计，由漫反射和高光反射组成基本光照效果。漫反射在不同方向观察的亮度色彩一致，而高光反射会随着观察者的移动而在被观察物体表面"滑动"。

其他的材质主要属性包括自发光、镜面反射、折射、凹凸、置换等。

在实际应用中，需要更为丰富多变的细节表现。若每一种细节都以模型来实现，那么场景的复杂度将非常惊人，显然这不是可行的途径。

通过将纹理图案作用在模型表面的方法，就可以用相对很小的资源消耗，表现出丰富的细节。这种技术即为**贴图**。

而纹理图案如何贴在模型表面，是需要准确控制的。在"UVW 贴图"修改器设置——长方体模式的贴图坐标映射，就是控制贴图表现的一种简便方法。适应复杂模型结构、更为精细控制的贴图坐标编辑方法，将在中高级相关课程内容中讲述。

3ds Max 提供了多种类型的贴图，一种是使用图片文件（位图），还有多种程序生成的纹理，以及对一个或多个贴图来源进行色彩处理、合成等操作的功能型贴图。

8.2.2　技能准备

本单元样例制作过程中，涉及的操作技能如下：

（1）材质编辑器界面操作。

（2）标准材质主要属性设置。

（3）"平铺""木材""Perlin 大理石"程序纹理贴图应用。

8.2.3　任务实施

目标：创建多种简单美术设计材质。

单击主工具栏上的图标，打开材质编辑器。

3ds Max 的材质编辑器有两种工作模式。在本节的制作中，采用较传统的"精简材质编辑器"模式，如图 8-21 所示。

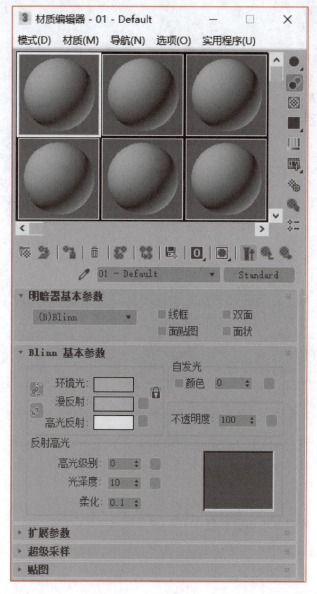

图 8-21 材质编辑器

选择左上角的材质球，在下方材质属性栏中，单击"漫反射"右边的长方形色块，在弹出的窗口中选择红色并确认。

修改该材质球的默认名字，改为"M_Red"。修改其高光级别为 30，光泽度为 30。由此获得一种红色的、光泽浅而清晰的材质，如图 8-22 所示。但要让它发挥作用，还需要将它赋予指定的模型对象。

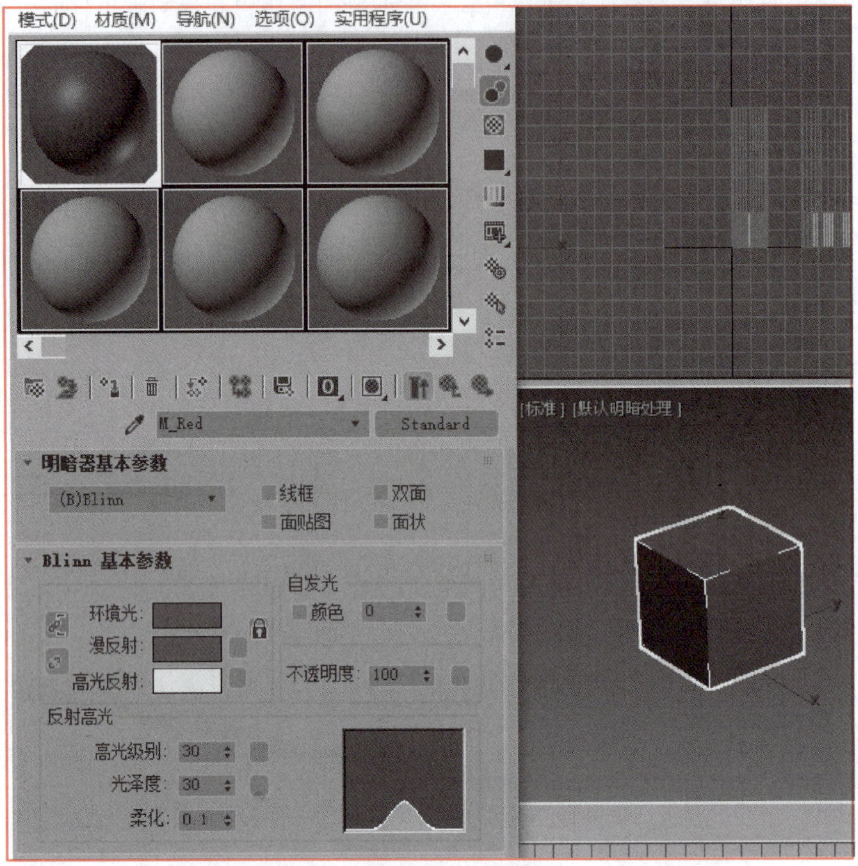

图 8-22 红色材质

复制一个积木单元，在保持其被选择的状态下，单击材质球示例窗下方工具栏中的
图标，将此红色材质指定给所选的积木单元。被场景中物体使用的材质，其材质球外
围会显示 4 个小三角。

> **⊙ 【实用技能】示例窗与场景材质**
>
> *当前的示例窗显示了 6 个材质球。为了方便设置更多类型的材质球，可在材质球
> 示例窗单击右键，在弹出的快捷菜单中选择"5×3 示例窗"命令，即可显示 15 个材
> 质球。
>
> *需要注意，3ds Max 在示例窗中最多显示 24 个材质球，但这只是处于可编辑状态
> 的活动材质数目，实际上在一个场景中能够支持的材质数目可以成千上万。

重复上面的步骤，选择未设置的材质球，制作黄、绿、蓝、白、黑、棕等多种颜色的
材质，可分别命名为 M_Yellow、M_Green、M_Blue、M_White、M_Black、M_Brown 等，效
果如图 8-23 所示。

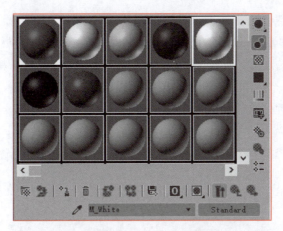

图 8-23　多种颜色材质

选择一个未设置的材质球，单击"漫反射"右边的小方块，在弹出的"材质/贴图浏览器"对话框中，选择"平铺"类型贴图，如图 8-24 所示。

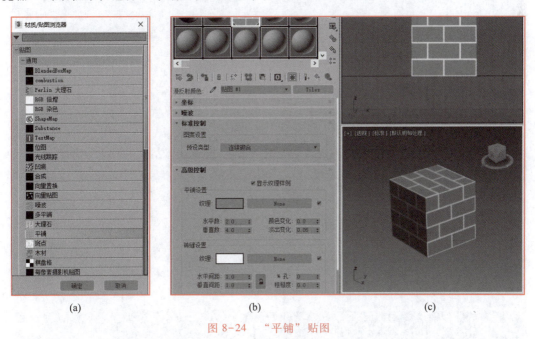

(a)　　　　　　　　　　　　　　　　(b)　　　　　　　　　　　　　　　　(c)

图 8-24　"平铺"贴图

在示例窗下方的贴图属性设置界面，展开"标准控制"栏，将"预设类型"修改为"连续砌合"。

展开"高级控制"栏。设置平铺的纹理颜色（如浅红色），水平数和垂直数分别设为 2 和 4。设置砖缝的纹理颜色（如白色），水平/垂直间距设为 1。

在示例窗下方工具栏中，单击 图标可以返回到上一层的材质设置界面，单击 图标可以在视口显示当前材质纹理效果。

将此材质重命名为 M_Bricks。复制一个积木单元，指定该材质到所选积木单元上。

类似上述操作步骤，选择一个未设置的材质球，在为"漫反射"设置贴图时，选择"木材"类型。在"木材"贴图的设置界面，展开"木材参数"栏，设置"颗粒密度"为 3，径向和轴向噪波分别设为 0.6 和 2，可以按喜好设置木纹的两种主颜色。

展开"坐标"栏，X、Y、Z 的"偏移"值分别设为 0、20、7。可以尝试设置其他数值，获得不一样的纹理分布，如图 8-25 所示。

将此材质重命名为 M_Wood。

类似上述步骤，选择一个未设置的材质球，在为"漫反射"设置贴图时，选择"Perlin 大理石"类型。在其贴图设置界面，展开"Perlin 大理石参数"栏，设置"大小"为20，可以按喜好设置大理石纹的两种主颜色，如图 8-25 所示。

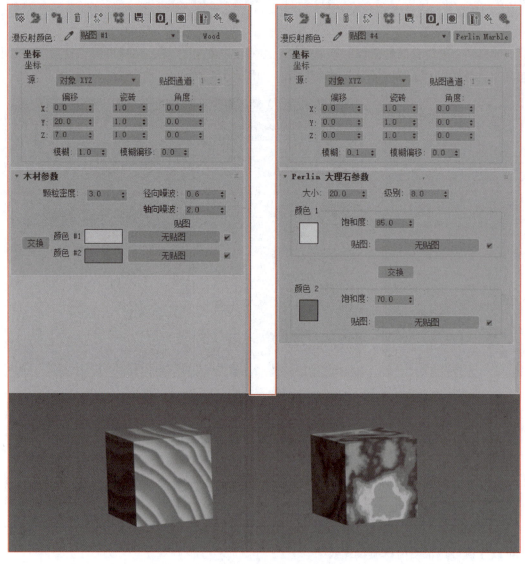

图 8-25 "木材"和"Perlin 大理石"贴图

同样，可以通过调整"坐标"栏下的"偏移""瓷砖"和"角度"，获得不一样的纹理分布。

将此材质重命名为 M_Marble。

需要注意的是，"位图""平铺""棋盘格""渐变"等属于二维类型贴图，它们的缺省纹理坐标设置采用"显示贴图通道"，表现效果依赖于模型对象的贴图纹理坐标设置。而"木材""大理石""噪波"等属于三维类型贴图，它们的缺省纹理坐标设置采用"对象 XYZ"，表现效果与模型对象的几何形体相关，与贴图纹理坐标无关。

在菜单栏中选择"文件"→"保存"或"另存为"命令，保存当前场景文件，以备后续使用。

【动手与思考】

针对下列问题，查阅帮助手册的材质与纹理相关内容，通过简单的小练习进行尝试并观察：

1. 光滑表面与粗糙表面，如何通过漫反射和高光属性来表现？
2. 菲涅耳效应是什么？各向异性是什么？
3. 金属与非金属材质的主要差异是什么？
4. 镜面反射和折射，有哪几种贴图可以表现？
5. 凹凸通道与置换通道表现的异同点是什么？

8.3 布景

8.3.1 知识准备

三维场景中各种对象的布置，需要综合考虑客观方面的合理性、表现方面的有效性，以及编辑方面的有序性。

一般可以按画面表现内容的远近、主次大略分为近景（主要）对象、旁景（次要）对象和背景对象。主要对象通常需要表现更多精巧的细节，远距离的背景对象细节尺度则要大得多。

当场景中的各种模型对象数量较多时，不仅要考虑各对象的命名规范，也需要进行多层次的整合管理。在 3ds Max 中，通过将多个对象联合成"组"，"组"对象也可以和其他对象构成高一个层次的"组"。通过合理地运用"组"，可以方便、有效地管理大量复杂多样的对象。

3ds Max 还提供了"层级关系"机制：父层级对象的变换（移动、旋转、缩放）直接作用于子层级对象上，子层级对父层级则无影响，子层级的位置等变换属性都是相对于父级的数值。这产生了子层级附随于父层级运动等直观、简化效果，在场景组织、动画等方面提供了强有力的支持。

8.3.2　技能准备

（1）组的创建与修改。

（2）层级关系。

（3）复制、镜像和阵列。

8.3.3　任务实施

如图 8-26 所示，克隆多个积木单元（选择"实例"方式克隆，可以节省资源），组合构成一个简单的长椅模型，并设置相应的材质。

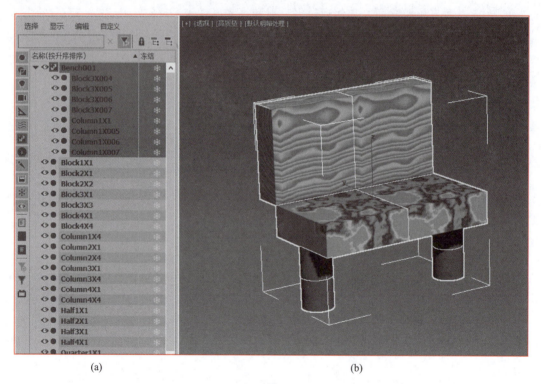

(a)　　　　　　　　　　　　　　　(b)

图 8-26　长椅组成

选择组成该长椅的所有积木单元，在菜单栏中选择"组"→"组"命令，在打开的窗口中输入组名"Bench001"后单击"确定"按钮。

该长椅模型构成"组"之后，就能够以整体如单一对象的方式，进行移动和克隆。此时，不能对"组"中的成员单独进行选择等操作，这样能够避免各种误操作。

如果需要对"组"中的成员单独进行调整修改，可在选中该"组"对象后，在菜单栏中选择"组"→"打开"命令，就可以选择其成员进行操作。之后，再选择"关闭"命令，就可以恢复到仅能操作整个"组"的状态。

观察左边场景对象列表中的层级关系。"组"是其成员的父级，各成员是"组"的子级。

如果构成某物体的单元对象数量较大，可以按空间分布或者功能性等划分，构成多个次级分组，再将这些次级分组整合成代表该物体的一个组。

有机的多层分组，对于拥有大量对象的三维场景，在编辑、管理、团队协同等方面的效用提升较大。

另一种层级关系，通过主工具栏左侧的"选择并链接"功能来建立。尝试并观察它与"组"模式的差别。

除了已学习的"克隆"方法，在菜单栏的"工具"栏下，有"镜像""阵列"等复制对象的方法。尝试并观察它们的特征。可在后续实践任务中，利用这些工具制作对称的景物、或规则性分布的大量复制物品。

任务：运用各个积木单元，组合构成简单的房屋、桥梁、小车等模型，设计和制作完成一个局部的街景。

本章小结

三维建模应用的主要内容，包括几何模型的制作、贴图坐标设置和相应材质纹理的设计。本章样例涉及的具体技能，以基础操作为主。

几何建模的基本要素是尺寸和主要特征。在样例的具体操作步骤中，通过基本几何体的参数调整，可以精准有效地控制，获得所需的几何结构。对于转换成多边形模型后的操作，可初步了解多边形体"子对象"的概念，并能对其进行简单的编辑操作。

简单快捷的长方体模型 UVW 贴图设置，可建立对贴图坐标的初步认识。

标准材质的漫反射和高光反射属性，是材质设计的基础。通过程序式纹理贴图的应用，有助于理解贴图在材质中的表现。

第9章 制作游戏工具模型

【知识与技能】

（1）多边形基本编辑

（2）样条线绘制与编辑

（3）"挤出""车削""FFD"等修改器

（4）透明通道贴图制作与应用

（5）平面式与长方体式 UVW 贴图

（6）灯光与阴影设置

（7）相机与渲染设置

9.1 花束

花束

PPT

9.1.1 知识准备

运用透明通道贴图（又称为遮罩贴图）实现镂空效果，可以避免在建模时制作大量的边界细节。

使用"软选择"编辑模式或者变形类修改器，可通过较少的操作步骤，对模型进行较大范围的形状调整，无须逐个修改其子对象的位置，编辑效率较高。

9.1.2 技能准备

（1）透明通道贴图制作

（2）透明通道贴图在材质中的应用

（3）多边形模型的"软选择"编辑模式

（4）"FFD"变形修改器

（5）场景文件导入合并

9.1.3　任务实施

步骤 1：叶

首先，在 Photoshop 或其他图片编辑软件中，如图 9-1 所示制作完成两张图片。各图片的宽高比为 1∶2，大小可设为 256×512 像素。图 9-1（a）作为叶子的颜色贴图，保存为 leaf_color.png。图 9-1（b）作为叶子的遮罩贴图，保存为 leaf_alpha.png。

（a）　　　　　　　　　　　　（b）

图 9-1　叶的贴图

在 3ds Max 中，创建一个长宽比为 2∶1 的平面（基本标准体），其长度和宽度分段分别设为 4 和 2。选中"生成贴图坐标"复选项，取消选中"真实世界贴图大小"复选项。将其更名为 Leaf001。

选择一个未设置的材质球，为其"漫反射"设置贴图，选择"位图"类型。在打开的对话框中选择上述的 leaf_color.png 文件并单击"打开"按钮。如要修改所选图片，可在位图设置界面的"位图参数"栏下，单击"位图"项右侧的按钮，打开"选择文件"对话框重新选取。取消选中"坐标"栏下的两个"瓷砖"复选项，避免贴图边缘出现异常纹理。

回到上一层材质设置界面。单击"不透明度"右侧的小正方形，为其设置"位图"类型的贴图，选择上述 leaf_alpha.png 文件。

将此材质更名为 M_Leaf。指定该材质到 Leaf001 对象上，单击 ⊙ 图标让该材质的纹理在视口可见，如图 9-2 所示。

选中"明暗器基本参数"栏中的"双面"属性，令叶子所用的薄片模型在背面也可见和正常渲染。

如果想为叶子增加少量光泽感，则需要为它的"高光反射"设置贴图，防止在镂空的位置出现高光。

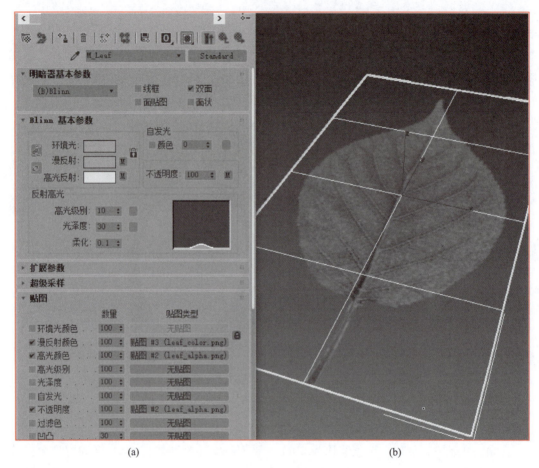

(a)　　　　　　　　　　　　　(b)

图 9-2　叶的材质

展开"贴图"栏，将"不透明度"通道右侧对应的贴图栏，用鼠标左键拖放到当前"无贴图"的"高光颜色"通道上，在弹出的窗口中选择"实例"模式。这样可以让两个通道使用同一个贴图，且能够同步修改。

设置"高光级别"为 10，"光泽度"为 30。

切换到"修改"面板。为 Leaf001 增加一个"编辑多边形"修改器。

切换到"顶点"子对象级。沿叶子中线，选择中间一列的顶点，向上移动少许距离。再转换视角，从叶子侧面选择中部的顶点上移。通过上下移动修改各顶点的位置，让整个叶子的薄片模型呈中部向上凸起的轻度弯曲形态，如图 9-3 所示。

切换回"编辑多边形"层级。保存当前场景文件如 leaf. max，以备后用。

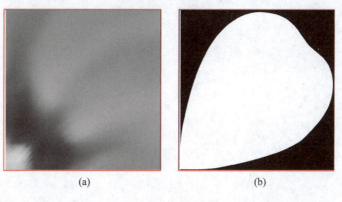

图 9-3　叶的弯曲形态

步骤 2：花

花的制作，采用类似制作叶子的方法。如图 9-4 所示，制作两张贴图，分别命名为 flower_color. png 和 flower_alpha. png，宽高比为 1∶1，图片分辨率为 512×512 像素。

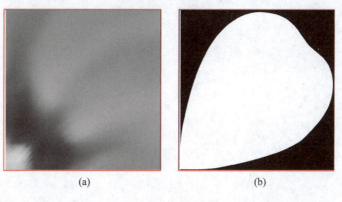

(a)　　　　　　　　　　　　　(b)

图 9-4　花瓣贴图

在 3ds Max 中，用于制作花瓣的平面取长宽比为 1∶1，长度和宽度分段都设置为 4。

为花瓣创建材质 M_Flower，使用上面准备好的两张贴图，应用到平面模型上，如图 9-5 所示。

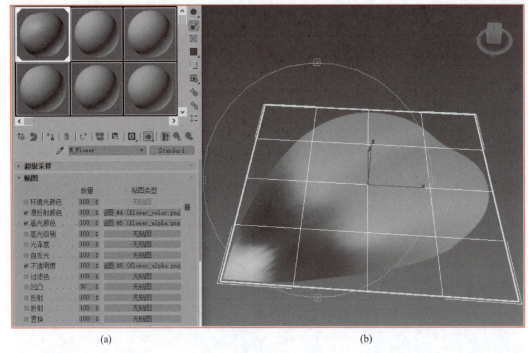

(a)   (b)

图 9-5   花瓣材质

编辑平面模型的各顶点，形成花瓣的弧面。

为方便制作柔顺的曲面效果，可使用"编辑多边形"设置框中的"软选择"功能，在调整某个顶点的位置时，令周边其他顶点亦产生柔顺的变化，如图 9-6 所示。注意控制此功能的衰减距离。

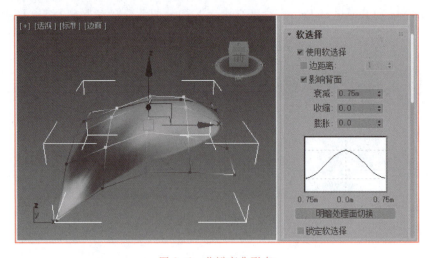

图 9-6   花瓣弯曲形态

要让 5 个花瓣均匀围绕一圈，从顶视图看，每个花瓣的尖角需约 70°。

为了方便后续复制操作，切换到"层次"面板，单击"仅影响轴"按钮后，在顶视图可以移动当前模型的轴心点。令它移动到花瓣根尖位置。再次单击"仅影响轴"按钮取消，如图 9-7 所示。

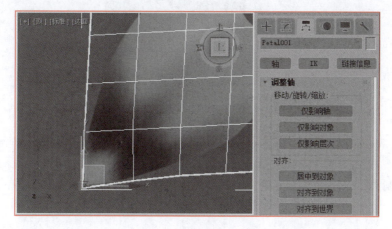

图 9-7 旋转轴心点

在顶视图，保持选中花瓣模型，按住 Shift 键，绕屏幕逆时针方向旋转约 72°，在打开的"克隆选项"对话框中选中"复制"选项，设置副本数为 4，单击"确定"按钮完成复制花瓣，如图 9-8 所示。以 Petal001 等模式更名。

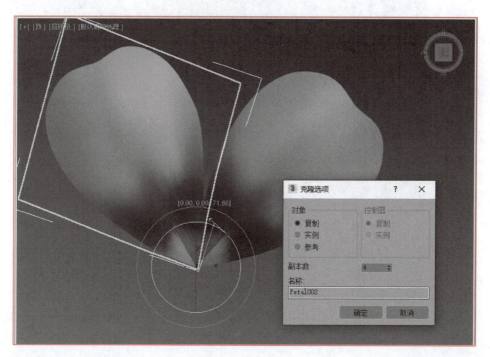

图 9-8 复制花瓣

以类似的方法制作花蕊，相关贴图及效果如图 9-9 所示。其中，每矩形片的长宽分段数均为 1。更名为 FCen001 和 FCen002。

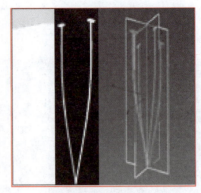

图 9-9   制作花蕊

花萼的制作，采用基本几何体中的圆锥体。关键在于下锥面的半径为零，高度分段为1，边数为 5，如图 9-10 所示，将其更名为 Calyx。

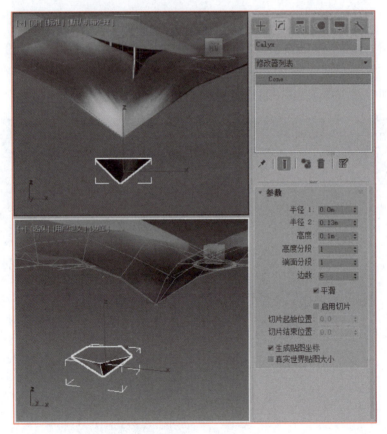

图 9-10   制作花萼

随后，转为"可编辑多边形"后，删除上锥截面，仅保留侧方的 5 个三角形面，对花瓣位置和大小进行修改，为其设置一个简单的绿色材质即可。

最后，选择所有花瓣、花蕊和花萼，创建一个名为 Flower 的组，如图 9-11 所示。

保存当前场景为 flower. max。

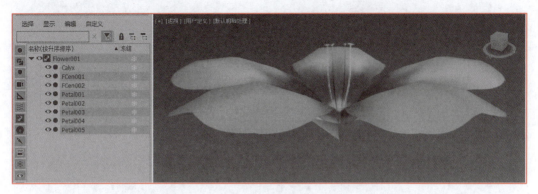

图 9-11　花的组成

步骤 3：花束

将步骤 2 的场景另存为 flowerbranch. max。

从菜单栏选择"文件"→"导入"→"合并"命令，打开之前制作的叶子场景文件 leaf. max。在对话框中选择 Leaf001 后单击"确定"按钮，如图 9-12 所示。

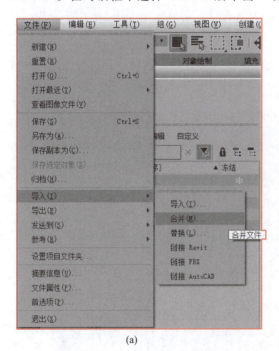

(a)

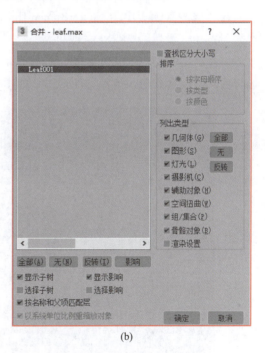

(b)

图 9-12　场景文件导入合并

创建一个细长的圆锥体作为花枝，上细下粗。边数设为 5，高度分段设为 20 或更高，以便后续做弯曲变形，将其更名为 Branch。

以花枝模型为定位基准，复制多个 Leaf 叶子模型对象，沿花枝摆置，主要控制旋转方向。将 Flower 花模型对象对准衔接花枝顶端，如图 9-13 所示。

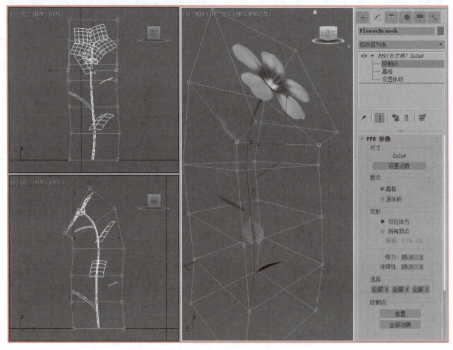

图 9-13　花束组成

选择花、叶、枝，创建 FlowerBranch 组。

在"修改"面板中为 FlowerBranch 组添加"FFD（长方体）"修改器。单击"设置点数"按钮，设置为 2×2×6（或更高）。

切换到"控制点"子对象级，通过在前、左视图选择控制点移动，令整枝花适度地变形弯曲，呈现自然的、不规整的形态，如图 9-14 所示。保存当前场景。

图 9-14　变形

9.2 战刀

战刀

PPT

9.2.1 知识准备

微课
制作游戏工具模型-
战刀 1

通过不同轴向的正交视图，对多边形模型进行编辑，对于模型网格、特别是轮廓的把控，是较为精确、快速的方法。

本节使用参考图（如设定原画）辅助建模，是常见的建模方法。

本节所采用的平面式 UVW 贴图设置，适用于在某个轴向上结构较薄且较为简单的几何体。若从任一正交视图中都观察到有较明显的网格重叠，则不合适。

通过将 UV 贴图结构图（UVW 模板）以图片方式输出，就可以在 Photoshop 等图片编辑工具中，参考该 UV 结构图制作所需的贴图。

9.2.2 技能准备

（1）参考图的引入和运用

（2）平面式 UVW 贴图设置

（3）正交视图编辑

（4）显示方式变更

（5）多边形的"附加"合并操作

（6）"平滑"和"UVW 展开"修改器

9.2.3 任务实施

本节任务是以如图 9-15 所示为目标，制作游戏道具——战刀。

图 9-15　战刀原画

微课
制作游戏工具模型-
战刀 2

步骤 1：建模

图 9-15 的宽高比为 4∶1。首先，在顶视图（"边面"显示模式），创建一个长宽比为

1：4 的平面。设置一个材质球，使用图 9-15 作为漫反射通道贴图，将此材质赋予刚创建的平面，令其贴图在顶视图显示。此平面即作为建模参考。将此平面沿 z 轴下移一段距离，避免与后续建模混叠。

再次在顶视图创建一个平面，大略覆盖刀刃范围。此平面的长度和宽度分段分别设为 1 和 4。右击，在弹出的快捷菜单中选择"对象属性"，在对话框的"显示属性"中选中"透明"复选项后单击"确定"按钮，如图 9-16 所示。

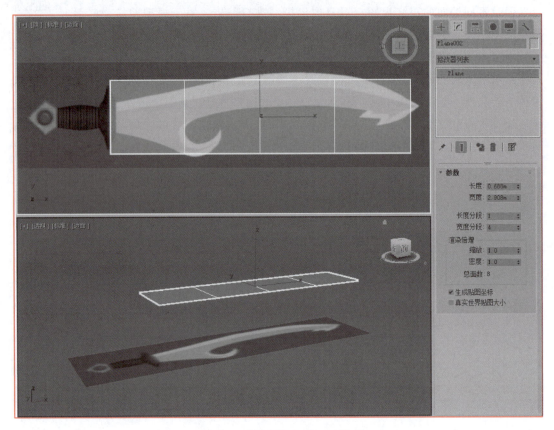

图 9-16 参考图与初始刀刃模型

转换为可编辑多边形后，移动各顶点，令薄片模型包裹整个刀刃范围，注意留少许间隙，如图 9-17 所示。

在顶视图，创建一个长方体，大略覆盖刀柄范围。其长、宽、高度的分段数分别设为 1、7、2，如图 9-18 所示。

在左视图，框选中间一行的顶点，通过缩放操作让其横向扩张，在左视图形成六边形截面形状，如图 9-19 所示。

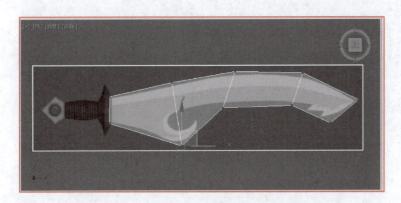

图 9-17　刀刃模型编辑

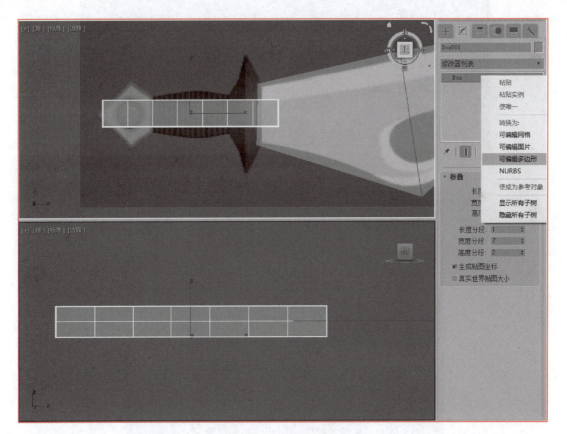

图 9-18　刀柄初始模型

在顶视图，通过缩放和移动操作，让网格与参考图的刀柄、护手等轮廓基本匹配，如图 9-20 所示。

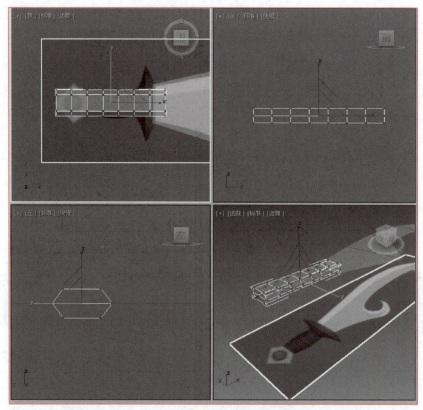

图 9-19　宽度编辑

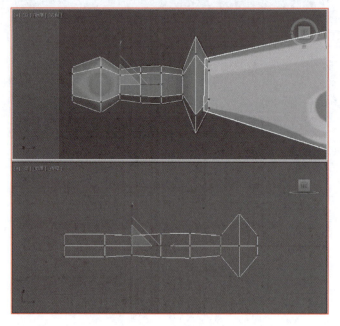

图 9-20　网格走线匹配

在前视图，框选最左边一列 3 个顶点中的 1 个，实际选中两个顶点。单击右侧"编辑几何体"栏内的"塌陷"按钮，将被选中的两个顶点合并，如图 9-21 所示。

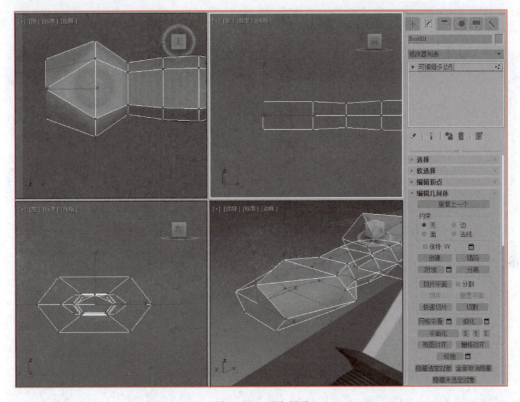

图 9-21　顶点塌陷

重复这些操作，令最左边原先的 6 个顶点合并为 3 个顶点，形成锐边，如图 9-22 所示。

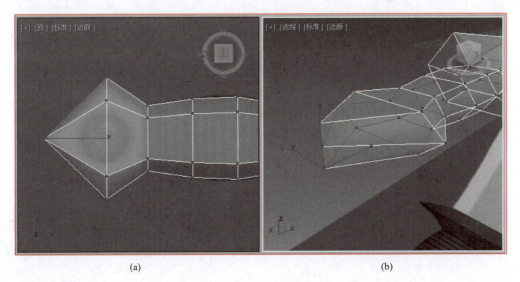

(a)　　　　　　　　　　　　　　　　(b)

图 9-22　锐边

细调左侧各顶点，匹配参考图中尾饰的空间轮廓。最后，单击右侧"编辑几何体"栏内的"附加"按钮，点选之前完成的刀刃薄片模型（注意不要误点中下方的参考图平面），将两个模型对象合并成一体，如图 9-23 所示。

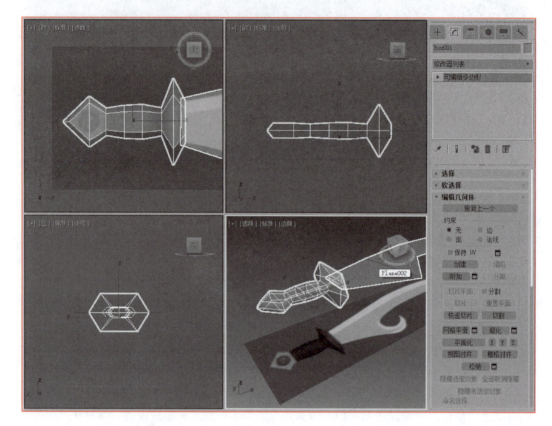

图 9-23　合并

低分辨率的模型可能某些面有不自然的明暗显示，但通过添加"平滑"修改器，选中"自动平滑"复选项，设置较大的阈值（如 60），即可消除大部分此类问题，如图 9-24 所示。

将其更名为 Blade，保存当前场景为 blade.max。

步骤 2：贴图

隐藏参考图平面。在战刀模型对象上右击，取消之前设置的"透明"显示。

切换到顶视图，为战刀模型对象添加"UVW 贴图"修改器。选择"平面"模式，调整长度和宽度数值，令其稍大于模型范围，且长宽比为 1：4，如图 9-25 所示。

添加"UVW 展开"修改器。单击下方"编辑 UV"栏内的"打开 UV 编辑器"按钮。

在打开的"编辑 UVW"窗口中，在菜单栏中选择"工具"→"渲染 UVW 模板"命令，如图 9-26 所示。

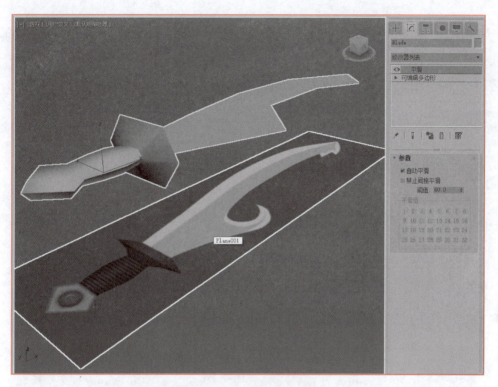

图 9-24 "平滑"处理

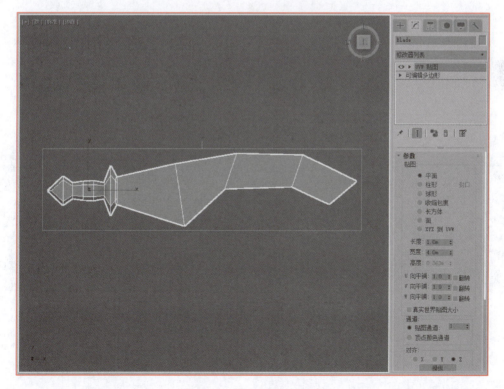

图 9-25 平面式 UVW 贴图

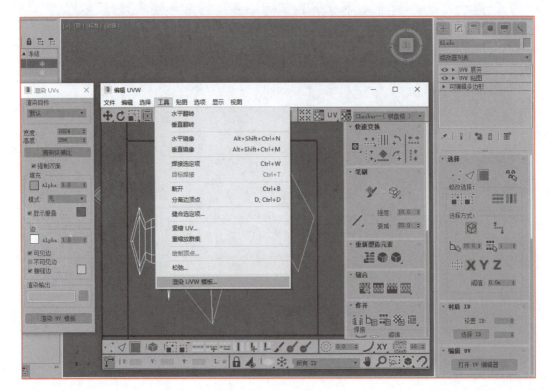

图 9-26　UVW 展开和渲染模板

　　在弹出的"渲染 UVs"窗口中，设置宽度为 1024、高度为 256，然后单击"渲染 UV 模板"按钮，如图 9-27 所示，在打开的渲染图窗口中，单击工具栏最左边的图标保存当前图片为 blade_uv. png。

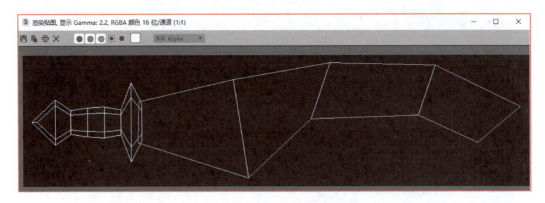

图 9-27　UVW 模板

　　以此 UV 模板图为基础，并利用最初的设计图，制作彩色和遮罩贴图。在 Photoshop 中，可以复制 UV 模板图层，置于最顶层，设置混合模式为"差值"，即可在其他图层中参考 UV 轮廓制作贴图，如图 9-28 所示。

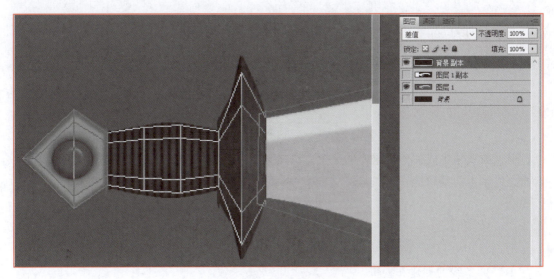

图 9-28　参考贴图绘制

注意：

制作彩色贴图时，须令纹理稍为扩展、超出 UV 轮廓的范围。制作遮罩贴图时，注意 UV 轮廓内的黑色区域意味着镂空，灰色区域意味着半透明。

最终完成的 blade_color. png 和 blade_alpha. png，如图 9-29 和图 9-30 所示。

图 9-29　战刀彩色贴图

图 9-30　战刀遮罩贴图

为 Blade 模型设置材质和相应贴图，表现效果如图 9-31 所示。

图 9-31　应用贴图的战刀模型

9.3　木桌

9.3.1　知识准备

通过曲线来生成模型是重要的建模方法之一。本节采用样条线制作轴对称模型，并包含样条线基本的编辑操作。

9.3.2　技能准备

（1）样条线的创建和编辑
（2）"车削"修改器

9.3.3　任务实施

在"创建"面板的"图形"标签下，单击"线"按钮，随后在前视图逐点绘制样条曲线。绘制过程中，可以按 S 键将样条曲线吸附到栅格上，如图 9-32 所示。

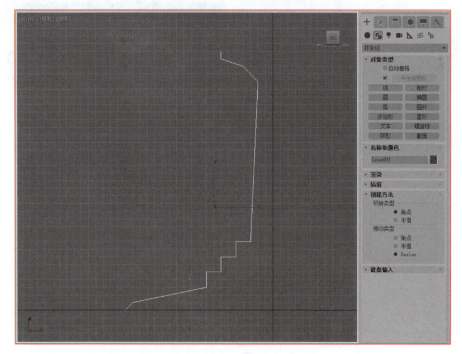

图 9-32　创建样条线

切换到"修改"面板。在"顶点"子对象级，对所绘曲线的各顶点进行编辑修改。选择某顶点并右击，在弹出框中可以修改顶点的类型。其中，Bezier 类型有较强的曲线平滑控制能力，而 Bezier 角点可以细致控制角点两侧的斜线角度，如图 9-33 所示。

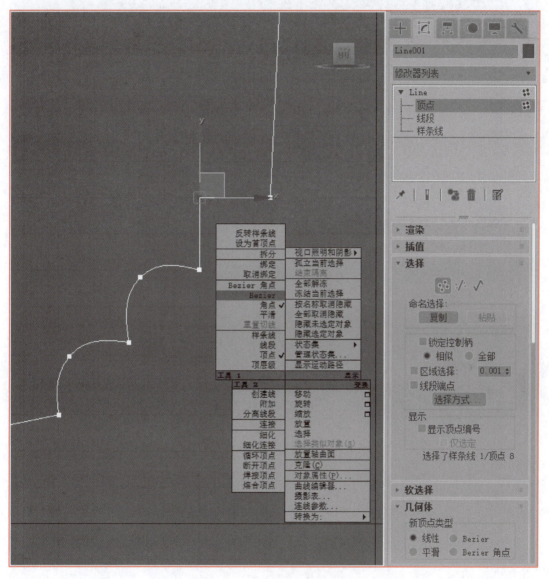

图 9-33　修改样条线顶点类型

切换回对象层级。为当前曲线添加"车削"修改器，将其分段数设为 32。

切换到"轴"子对象层级。在前视图，左右移动中轴线的位置，直至获得期望的旋转曲面造型。如果显示有异常，可以尝试选中或取消选中"翻转法线"复选项以修正，如图 9-34 所示。

切换回对象层级，将其更名为 Column。

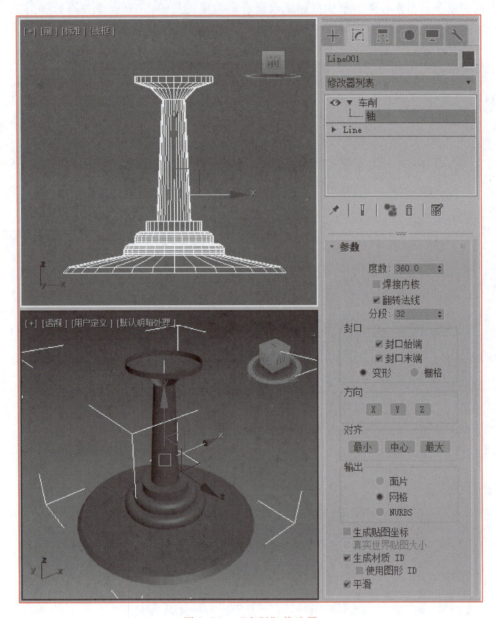

图 9-34   "车削"修改器

创建一个扁板型的圆柱体，边数设为 32。沿 y 轴压缩，在顶视图呈椭圆形状。将其作为桌面，更名为 Surface。

把桌面模型移到旋转体桌柱正上方。两个对象构成 Desk 组。

创建一个材质，以"木纹"为漫反射通道纹理，赋予 Desk 组对象，如图 9-35 所示。保存场景为 desk.max。

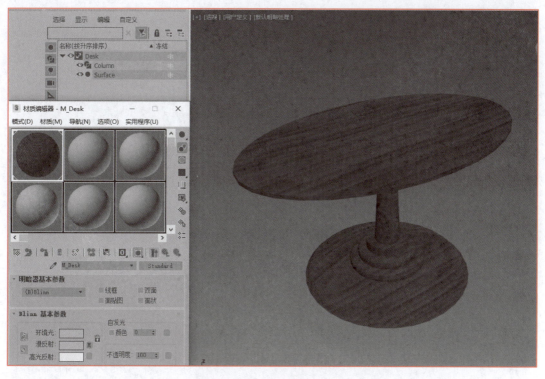

图 9-35 木纹材质的桌子

9.4 房屋

房屋

PPT

9.4.1 知识准备

本节采用样条线结合"挤出"修改器制作模型。除了样例中的做法，还经常使用建筑平面图的轮廓线或者墙线，通过向上方"挤出"生成建筑墙体。

可以创建文字的样条线对象，并通过"挤出"生成立体字形。

样条线还可以使用"倒角"修改器、"放样"复合对象等生成更为复杂的模型。

建筑类建模，可以用"布尔"复合对象，在墙面上"挖"出窗口或者门洞。

9.4.2 技能准备

"挤出"修改器

9.4.3   任务实施

步骤 1：外墙

　　在前视图中用样条线绘制房屋界面轮廓，如图 9-36 所示。

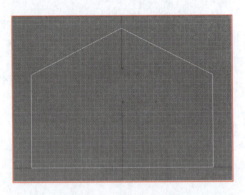

图 9-36   房屋侧轮廓线

　　添加"挤出"修改器。分段数设为 1，数量则按房屋宽高比例设置，如图 9-37 所示。

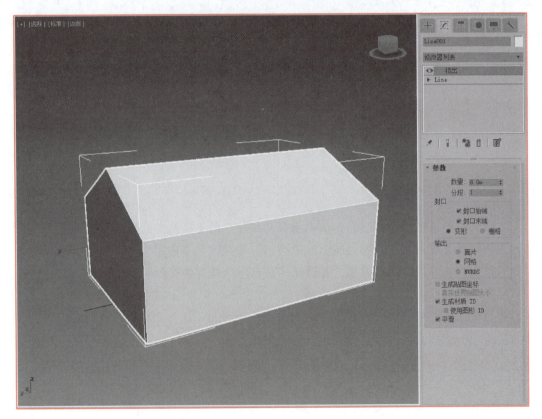

图 9-37   "挤出"修改器

为其创建材质，贴图采用"位图"类型。本例为木板拼接纹理。

　　添加"UVW 贴图"修改器。设置贴图投影类型为"长方体"，长宽高度数值一致，按视口中的表现效果进行调整。将其更名为 Wall，如图 9-38 所示。

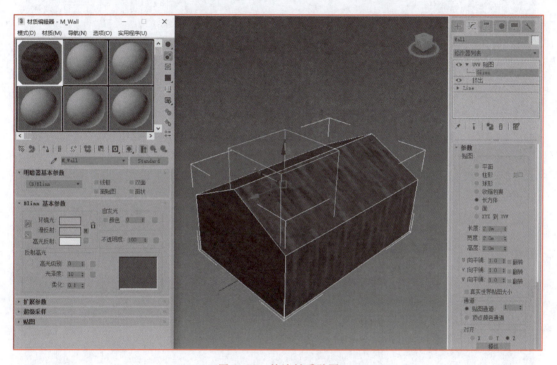

图 9-38　外墙材质贴图

步骤 2：房顶

　　创建长方体，调整其大小、位置和角度，作为一侧的房顶，如图 9-39 所示。

　　为其创建材质，贴图采用"位图"类型。本例为明显老化的木板拼接纹理。

　　添加"UVW 贴图"修改器。设置贴图投影类型为"长方体"，可以在 3 个方向设置不同的数值。如需要移动 Gizmo，应切换到"局部"坐标系，如图 9-40 所示。

　　复制该侧房顶对象，放置在另一侧。以 Roof001 模式更名。

步骤 3：门窗

　　用长方体组合制作简单的门和窗，以"组"的方式进行整理。注意门与框之间留少许间隙，还应避免过于平整，如图 9-41 所示。

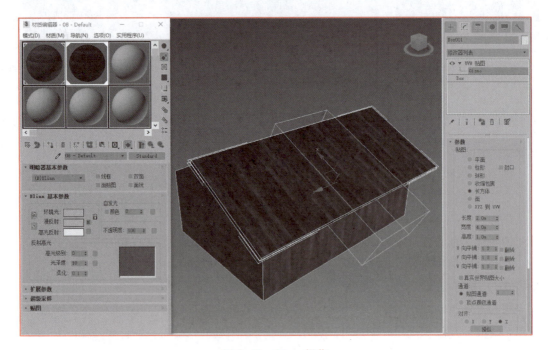

图 9-39 单侧房顶

图 9-40 Gizmo 操作

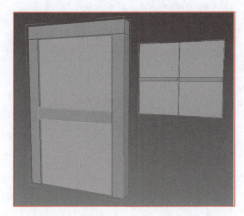

图 9-41　门窗的组成

　　用"位图"纹理或"木材"纹理设置门窗材质。在房屋主体模型上布置门窗。选择所有墙体、屋顶、门和窗，创建 House 组，如图 9-42 所示。保存当前场景文件为 house.max。

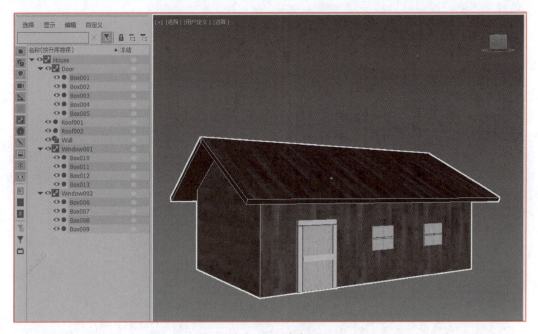

图 9-42　组成房屋

9.5　布景

布景

PPT

9.5.1　知识准备

　　布景时应考虑近中远景的模型需求。尝试根据已完成的模型资源，手绘场景布置草图。

本样例中的地面采用了简单重复平铺的贴图，视觉效果并不理想。较高质量的材质设计，应考虑引入多尺度、多层次、不规则的纹理变化。

本样例场景尚有大量留空，可将练习制作的不同模型导入，有序布置，完善场景。

9.5.2　技能准备

（1）不同视图角度和显示效果观察
（2）场景文件的整合与模型对象布置
（3）贴图文件的管理

9.5.3　任务实施

将 9.4 节的房屋场景另存为 Scene.max。

创建一个相对于房屋比例约有 200~300 米范围的平面。

为其设置材质，使用草地类型纹理的平铺位图贴图。

添加"UVW 贴图"修改器。贴图投影类型设为"平面"，长宽度根据所用位图贴图的宽高比例及细节表现设置调整。将其更名为 ground，如图 9-43 所示。

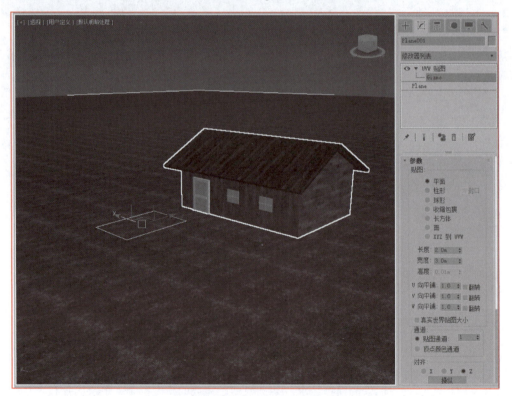

图 9-43　简单草地

导入前面完成的花枝、战刀、木桌场景里的模型。可参考如图 9-44 所示的布置。

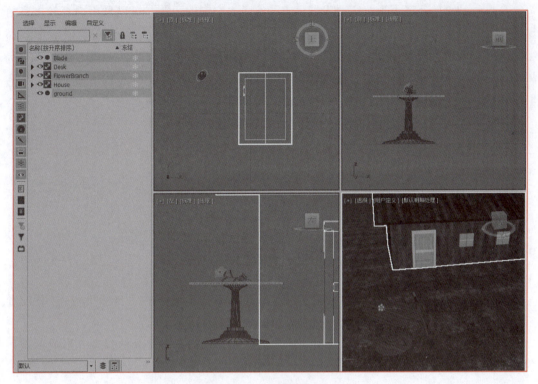

图 9-44　导入模型和场景布置

9.6　布光

9.6.1　知识准备

不发光的物体需要有光源的照明，才能被有效观察。

3ds Max 提供的标准光源中，最基本的是泛光、平行光和聚光灯。

基本灯光的主要属性，除了位置和方向外，还包括灯光颜色、光强、距离衰减、光照范围（除泛光之外的）、阴影计算开关及设置等。

泛光适用于全向照明的点状光源，如蜡烛。

聚光灯适用于多数光线较为集中的人造光源。

平行光适用于表现非常远的光源，如日、月。

环境光照可简单地使用一个天光进行照明。较复杂的做法，则采用多个不同角度的平行光近似模拟。

场景背景可采用简单的背景色。

高质量的自然环境表现，需要表现远方的雾色、空中的云等。可以采用内容较丰富的贴图作为场景背景。

现实中间接光照等作用，都是面状光源。而基本光源实质都是点状光源，表现力有很大不足。通过全局光照类技术，可以获得逼真细腻的光照效果，但计算代价非常高昂！实时游戏中一般会采用光照贴图烘焙、环境遮挡贴图等方法近似模拟。

9.6.2　技能准备

（1）平行光和天光的创建、布置和设置

（2）背景设置

9.6.3　任务实施

在"创建"面板的"灯光"标签下，选择"标准"类型中的"目标平行光"，在顶视图创建灯光。

将新建灯光的目标点（Target）移动到木桌附近，并抬高该灯光的位置，形成斜俯照射地面的角度。此灯 Direct001 用于模拟阳光照明，为主灯，如图 9-45 所示。

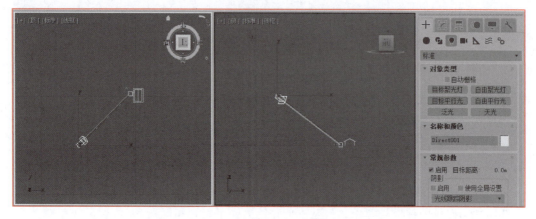

图 9-45　模拟阳光照明

视口的观察角度，除了常用的顶、前、左、透视视图等，还可以切换到不同的相机和灯光方位。为更好地控制当前主灯的照明效果，可单击某视口左上角的选区，切换到"灯光"→"Direct001"，如图 9-46 所示。

在平行光的设置中，很重要的一些内容就是与照明范围相关的。在"平行光参数"栏内，"衰减区/区域"的数值代表目标点周围受到光照的横向距离，也就是以该灯方位为视口处所表现的园/矩形范围，即该灯可"见"意味着该灯可"照"。

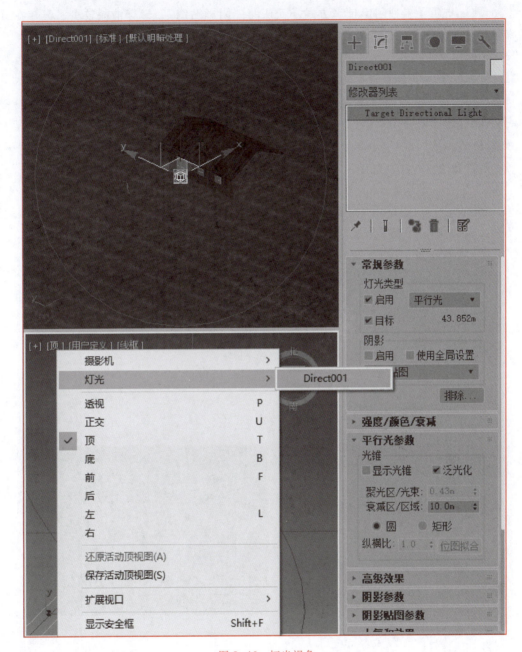

图 9-46 灯光视角

如果选中了"泛光化"选项，则区域外的对象也会被照明。但是，区域外不进行阴影计算，没有阴影效果。因此，必须调整"衰减区/区域"的数值，让灯光区域包含场景中的关键/主要对象。

在本例中，需要保证房屋、木桌等主要对象有正确的光照和阴影效果。

作为主灯，此灯需要启用阴影效果。

3ds Max 提供了多种阴影计算方式。默认的"阴影贴图",计算消耗较少,但存在分辨率限制、不能处理含透明通道贴图的材质等问题。

由于本场景中多处应用透明通道贴图(叶、花瓣、刀刃等),因此不适合使用,改为计算较慢但能表现更多精细效果的"光线跟踪阴影",如图 9-47 所示。

为模拟阳光,此主灯的颜色设为浅黄。例如要表现夏日正午的烈日强光,可以设置"倍增"值为 1.5~2。

选择"透视"视口,令其处于激活状态。在主工具栏最右侧的渲染功能区,单击 图标,观察其渲染效果,如图 9-48 所示。

图 9-47 阴影设置　　　　　　　　　图 9-48 单主灯渲染效果

可见,仅有一盏主灯照明的情况下,阴影区全黑,背景全黑,效果不理想。

为此,在"创建"面板处,创建类型为"天光"的一盏辅助灯。该灯的颜色应设为略暗的天蓝色。

另外,在菜单栏中选择"渲染"→"环境"命令,打开"环境和效果"窗口。设置"环境"标签中"公用参数"栏下的背景颜色为天蓝色,如图 9-49 所示。

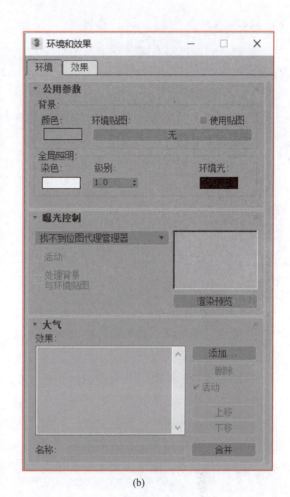

(a)　　　　　　　　　　　　(b)

图 9-49　环境设置

再次渲染透视窗口，整体光照较为明快清晰，如图 9-50 所示。

图 9-50　增加天光和设置环境色

【动手与思考】

针对下列问题，查阅帮助手册的灯光与阴影相关内容，通过简单的小练习进行尝试并观察：

1. 泛光、聚光灯与平行光的主要差别是什么？
2. 为什么在模拟人造光源时，需要设置距离相关的"衰退"或"远距衰减"？
3. 室外光线设计，不同时刻与季节的基本特征是怎样的？
4. 室内灯光设计，如不采用全局光照，如何模拟被主光源照亮的墙壁所反射的光线？

9.7　摄影机

摄影机

PPT

9.7.1　知识准备

三维场景的内容，需要通过特定的视角以二维画面的方式来表现。这个视角等同于布置虚拟的摄影机来获取影像。

摄影机的投影效果，分为透视型和正交型。三维软件常见的三轴向正交视图，就是正交型相机的表现。而更为符合自然视觉感受的，是"近大远小"的透视型画面。

摄影机的基本属性，包括位置、方向、视野。其中，视野与现实摄影机常用的镜头焦距密切相关，焦距越长、视野越狭窄，景物在成像中随之放大。

摄影机的取景，除了表现主题，还需要考虑构图等视觉美感。

9.7.2　技能准备

（1）摄影机的创建和布置
（2）摄影机基本参数设置

9.7.3　任务实施

为了更方便和可靠地控制渲染表现，需要为场景添加摄影机。

在"创建"面板的"摄影机"标签下，选择"标准"类型中的"目标"型摄影机，在顶视图创建摄影机，如图 9-51 所示。

摄影机的基本要素包括位置、方向、视野。"目标"型摄影机的位置和方向较易设置和修改。而摄影机的视野，则是与其对应的镜头焦距相关。

35mm 镜头视野范围不是很宽，但也有足够表现中近景物的空间。更短的焦距获得更大的视野，但是会在周边出现不自然的变形。本例中采用 35mm 镜头。

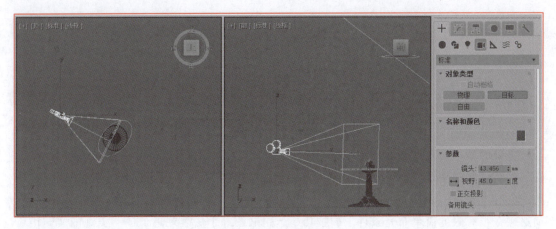

图 9-51　创建摄影机

　　将原先的透视视口切换到"摄影机"→"Camera001"，并选中"显示安全框"选项。这样就能精准地把控摄影机取景的范围，如图 9-52 所示。

图 9-52　摄影机安全框

9.8 渲染

渲染

PPT

9.8.1 知识准备

渲染的基本设置是画面分辨率和输出方式。

细腻写实的高级渲染设置，需要结合基于物理的材质、灯光设置。实时游戏画面渲染与非实时（离线）渲染的重要区别，在于游戏不能靠硬件运算性能达到后者的画面品质，而必须在很有限的简单布光条件下，技巧地运用贴图等手法表现近似的、美观的实时渲染画面。

9.8.2 技能准备

（1）渲染基本设置
（2）"高级照明"的简单设置

9.8.3 任务实施

在主工具栏上最常用的 3 个渲染功能图标 中，左侧为渲染设置，中间为渲染帧窗口，右侧为渲染产品。

在渲染设置中，可以在"渲染器"栏选择所用的渲染器。3ds Max 自带的渲染器为"扫描线渲染器"，虽功能不强，但兼容性较好。初学者不必急于尝试不同的渲染器。

渲染的"公用"设置中，包括单帧还是多帧渲染的选择。如果是三维动画制作，就需要多帧渲染，即需要指定渲染的时间段。同时，还需要在下面的"渲染输出"项中设置输出的图片文件等。本课程不包含动画相关的内容，因此单帧渲染已满足需要。

渲染设置的重要设置之一，包括输出图片的大小以及纵横比等。本例采用 1024×768 像素的输出设置，图像纵横比为 1.3333（即 4∶3），如图 9-53（a）所示。

如果希望输出高清品质的图片，则需要设置为 1920×1080 像素，图像纵横比为 1.7778（即 16∶9）。

在"渲染器"等标签下，还有许多专业性较强的设置参数。有兴趣想了解的读者，可以查阅 3ds Max 的说明文档。

以当前相机进行渲染的效果，如图 9-54 所示。

在"高级照明"标签处，可以简单地体验一下效果写实但计算量惊人的全局光照渲染。

在"选择高级照明"栏中，选择"光跟踪器"，如图 9-53（b）所示。

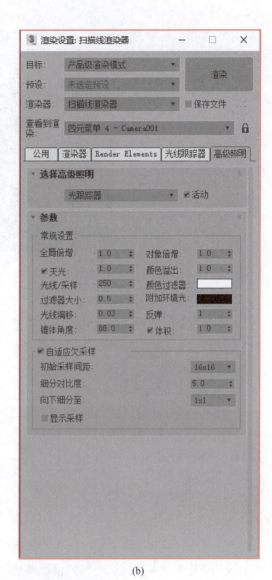

(a)　　　　　　　　　　　　(b)

图 9-53　渲染设置

图 9-54　渲染结果

将"参数"栏中的"反弹"改为1，其他参数不变。再次对当前相机进行渲染，效果如图 9-55 所示。

图 9-55   全局光照渲染

仔细对比可以看出，后者的光影细节，尤其是在暗处，表现更为丰富写实。

前者的渲染时间仅 2 秒左右，后者则达到 30 秒。这仅是一个简单的场景，对于更复杂的场景，渲染时间可能增加 2~3 个数量级。

任务：

1. 重新设计表现内容的主题
2. 为该主题设计和制作相关的模型和材质贴图
3. 为该主题设计布光和相机取景
4. 渲染静帧画面

本章小结

本章通过多种不同方式制作的模型及相关材质贴图，展现了典型的三维游戏工具等模型基本制作方法。更多的制作技术细节和技巧、复杂 UV 贴图坐标的设置、高品质贴图制作等进阶内容，在后续的中高级课程中进行讲解。

本章通过灯光、相机的布置和相关设置，对制作场景进行渲染输出，完成三维美术制作的主体流程。

学习者不应拘泥于书中样例的步骤和设置，应在练习实践中理解各种功能、操作的目的和效果，主动尝试和了解其他功能和制作方法，尝试以不同的目标物进行建模，培养并保持良好的资源管理和命名等职业习惯。带着思考勤练习，是学习提升建模技能的关键。